KB232298

빛깔있는 책들 301-3

약용 식물

글, 사진/김태정

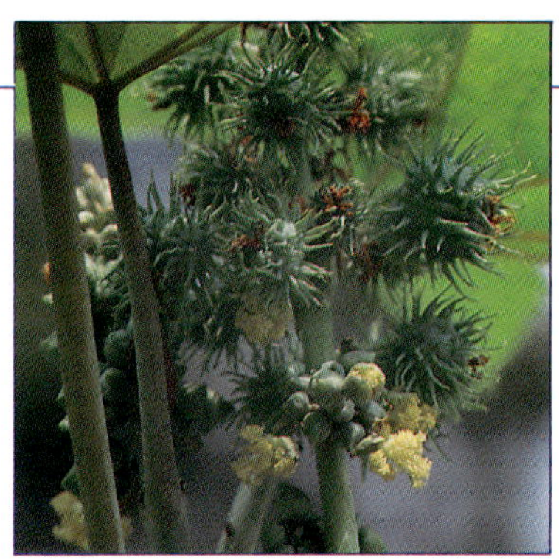

대원사

김태정 ————————

1942년 충남 부여에서 태어났다.
1985년 미 LA 국제대학 이학박사
학위 취득. '민통선 북방 지역 자연자
원학술조사단' '외연열도 자연실태
종합학술조사단' '안마군도 자연생태
종합학술조사단' 일원으로 일했으며
현재 '한국야생화연구소'를 운영하고
있다. 저서로는 「한국의 야생화」
(제1집, 동환출판) 「한국 야생화도
감」(교학사) 「아스팔트 위에서 피는
야생화」(부루칸모로) 「집에서 기르
는 야생화」 「약이 되는 야생초」(대원
사) 등이 있다.

약용 식물

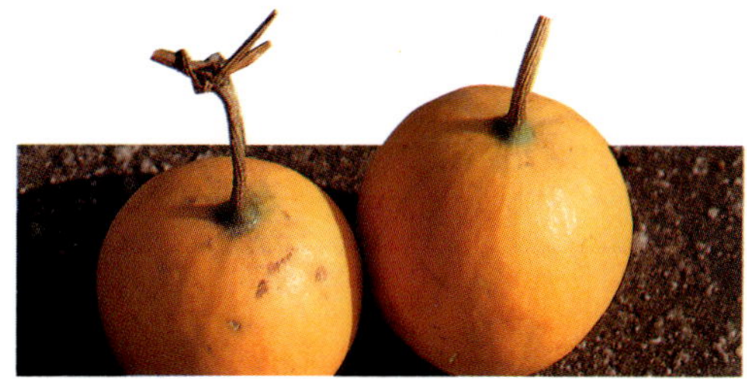

약용 식물

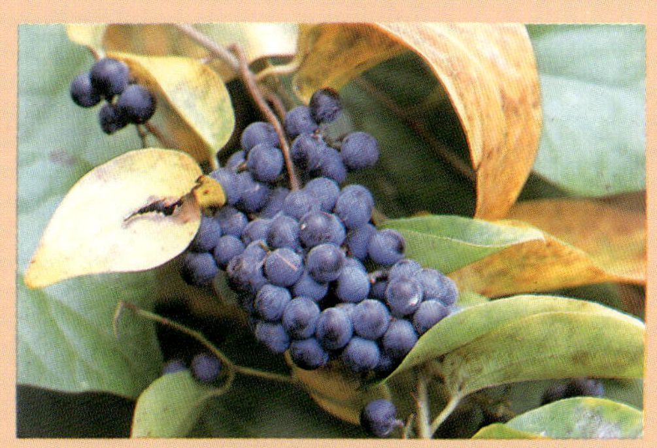

머리말

  우리 선조들은 예부터 자연과 더불어 살면서 그 자연을 이용한 질병의 치료와 예방법을 통해서 건강 유지와 장수를 누리는 방법을 터득해 왔다.

  우리나라는 그 어느 나라보다 많은 수천여 종의 식물류가 자라는 천혜의 조건을 가지고 있으며 또 그 가운데 약용으로 사용되는 종류도 상당히 많다. 약용 식물은 식물 전체를 쓰는 것을 비롯하여 잎, 줄기, 뿌리, 구근, 근경, 열매, 과실, 종자, 액체 등 여러 목적에 따라 다양하게 사용된다.

  약용 식물의 수는 세계적으로 약 300종 정도이며 우리나라는 200여 종이 있다. 그러나 민간 요법 등에서 사용되는 것까지 합치면 약 600종에 이른다. 그 가운데 한방에서 쓰는 약재는 국내 재배 생산되는 것보다 수입 의존도가 더 크다. 한방에서 쓰는 약용 식물은 아주 오랜 옛날부터 사용되었으며, 서양의 경우는 이집트를 시작으로 해서 그리스, 로마시대를 거쳐 유럽에까지 발달하였다.

  동양은 중국 상고 시대인 약 4000년 전에 신농씨(神農氏)가 신견(神犬)에게 풀의 맛을 보게 하여 약초를 알아냈다는 전설이 있다.

그 뒤 「명의별록(名醫別錄)」「신농본초경(神農本草經)」「당본초
(唐本草)」「촉본초(蜀本草)」「개보중정본초(開寶重定本草)」「대관
본초(大觀本草)」 등 의서(醫書)들의 간행으로 발전되었다. 특히
명나라 때 이세진(李世珍)에 의해 약 2,000종의 약용 식물을 수록한
「본초강목(本草綱目)」이 간행되기에 이른다. 우리나라의 경우는
신라 효소왕 때(692년) 의관 협사(醫官協士)와 관제 약전(官制藥
典)을 시작했다는 기록이 「삼국사기」에 전한다.

　첨단 의학 기술이 발달한 현대에도 건강 약용 식물의 이용이 날로
증가하고 있다. 그것은 최신 의술을 못 믿어서라기보다는 그만큼
약용 식물의 이용 가치가 현대인들에게도 적용되고 있다는 반증이
아닐 수 없다. 따라서 약용 식물을 올바르게 이용하는 지혜가 필요
하다. 우리나라는 약용 식물의 재식(栽植)에 적합한 토양과 조건을
갖추고 있어서 이에 대한 연구와 보급에 많은 관심이 있으면 한다.

　이 책에서는 전국 각지의 유휴지나 농가에서 경제성이 높은 약용
식물들을 선별해서 소개하였다. 또 보편적으로 알고 있는 식물명과
학명, 생약명, 각 지방의 속명, 약이 되는 부분의 설명, 주요 성분,
원산지, 과명(科名), 식물의 크기, 꽃이 피는 시기와 색깔, 열매와
종자의 결실기, 용도, 생육 조건, 번식 방법, 수확 시기와 방법, 보관
과 조제하는 법, 경제성 등을 누구나 이해할 수 있도록 쉽게 설명하
였다. 또 원색 사진을 통해 실제 식물과 대조하면서 여러 계층에
두루 이용되도록 편집하였다. 식물의 순서는 책 편집상 임의로 배열
하였으며, 분류 방법은 엥글러(Heinrich Gustav Adolf Engler, 1844
~1930년, 독일의 식물학자) 씨의 자연 분류법에 따랐다. 끝으로
이 책에 게재된 약초 또는 질병명 등은 다른 약재와 같이 전문의가
쓸 수 있는 것들이기 때문에 민간 요법처럼 단일종을 함부로 먹거나
쓸 수 없다. 그 가운데는 유독성(有毒性) 식물도 있으므로 일반 독자
들은 특히 유의해야 하며, 건강상 참고 자료로 활용되기 바란다.

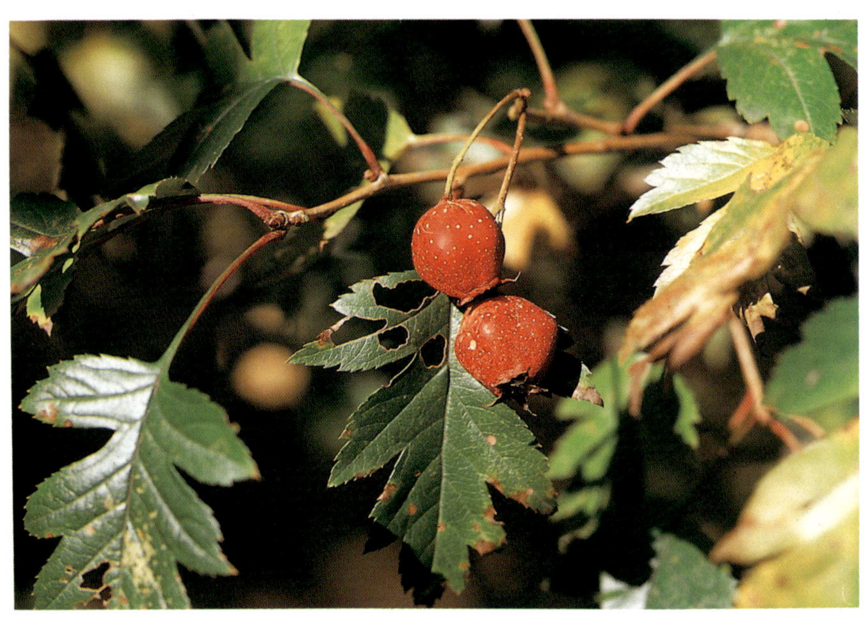

산사나무(山楂, 山査木) Crataegus pinnatifida Bunge.

생약명은 산사자(山査子)와 산사육(山査肉)이며 찔광나무, 산사나무, 찔광이, 찔광이나무, 찔꽹이, 찔꽹이나무, 아가위나무, 애광나무, 질배나무, 배나무, 동배나무(강원도), 아그배나무(함북), 찔구배나무(함남) 등의 속 명이 있다. 이 나무의 열매를 산사라 부르며 약재로 쓰인다.

주요 성분 방향성(芳香性) 식물이며 Protistocdin, 비타민C 등이 함유되어 있다.

생육 조건 중국이 원산지이며 장미과의 낙엽 교목이다. 우리나라 중부 지방의 산야지나 북부 지방 산지에 자란다. 북부 지방으로 갈수록 기후, 토질이 더 적합하다. 햇볕이 잘 드는 사질 양토(砂質壤土) 및 물기가 잘 빠지는 땅에 잘 자라며 민가 근처의 야산에도 적합하다. 파종법은 늦가을(11월)에 묘판에 종자를 심은 다음 흙을 적당히 덮어 준다. 봄에 종자가 발아되면 다시 이듬해에 옮겨 심는다. 6, 7미터의 높이로 자라며 심은 뒤 6, 7년 정도가 되면 열매가 열린다. 열매가 붉게 익을 무렵인 9월에 수확하여 씨(核)를 빼내고 몇 조각으로 쪼개 햇볕에 잘 말려서 보관한다. 경제적 가치는 그리 크지 않지만 농가의 부업으로 빈터나 유휴 산지 등에 관상용이나 생약제로 심을 수 있는 적당한 식물이다.

용도 5월에 백색꽃이 피며 9월에 열매가 익는다. 식용, 공업용, 관상용, 약용 등에 쓰이며 소화약(消化藥) 등으로 사용된다. 동상, 건위, 요통, 장출혈 등의 약재로도 쓰인다.(왼쪽, 오른쪽)

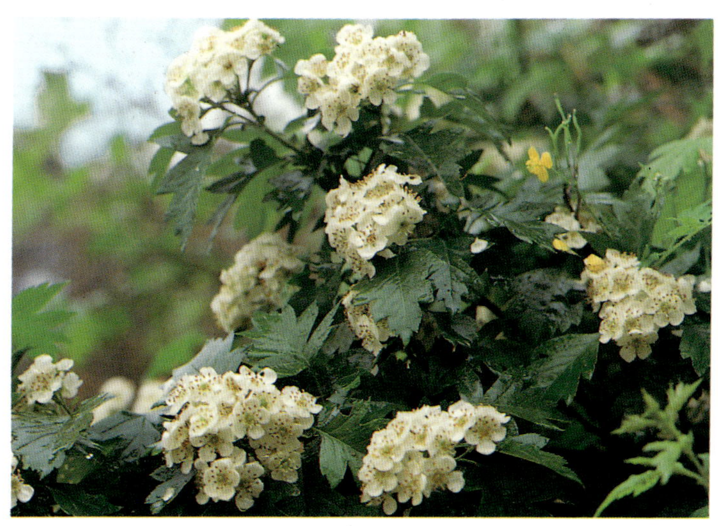

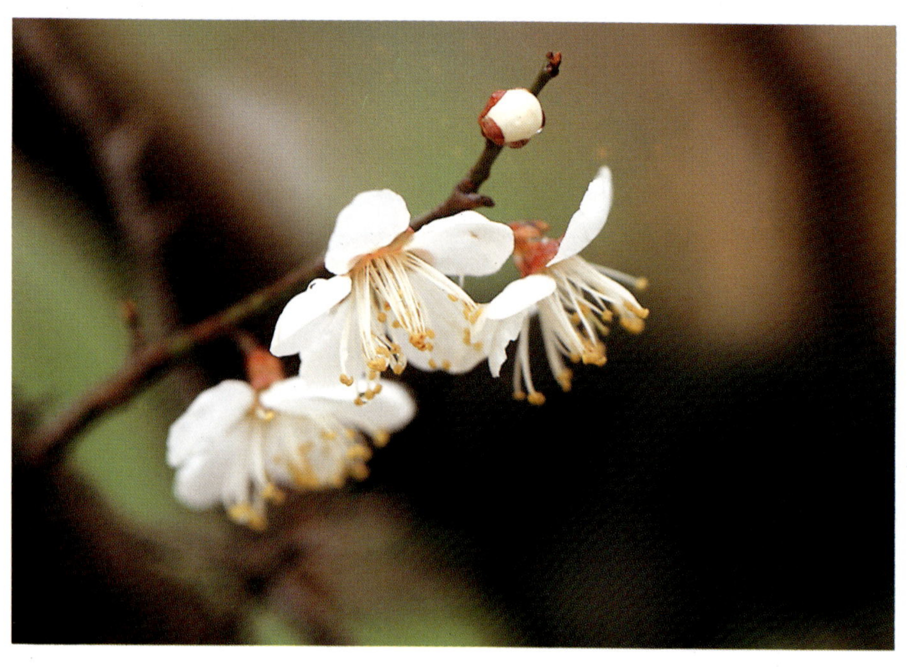

매화나무(梅)　Pruns mume Sjeb. et zucc.

생약명은 오매(烏梅)이며 매실, 매실나무, 매화, 고매, 조매, 홍매, 야매, 설중매 등의 속명이 있다. 매화나무의 열매인 매실(梅實)을 조제하여 그 약명을 오매라 부르며 약재로 쓰인다.

주요 성분　구연산(枸櫞酸)과 사과산(林檎酸)이 함유되어 있다.

생육 조건　중국이 원산지로 장미과의 낙엽 교목이며, 우리나라의 농가나 정원의 관상수로 많이 심는다. 우리나라는 남부 지방과 제주도 등지가 기후와 토질이 적합하며 중부 및 경기, 서울 등지에서 화분에 심어서 분재로 관상한다. 그러나 겨울에는 온실에 들여 놓아야 죽지 않는다. 토질은 햇볕이 잘 들고 비옥한 양토 등 인가 근처에 잘 자란다. 종자로 번식이 잘 되며 늦가을에 묘판에 심고 약 3센티미터의 흙을 덮어 준다. 이듬해 5, 6월이면 발아하며 가을에 옮겨 심는다. 5미터의 높이로 자라며 4월에

10

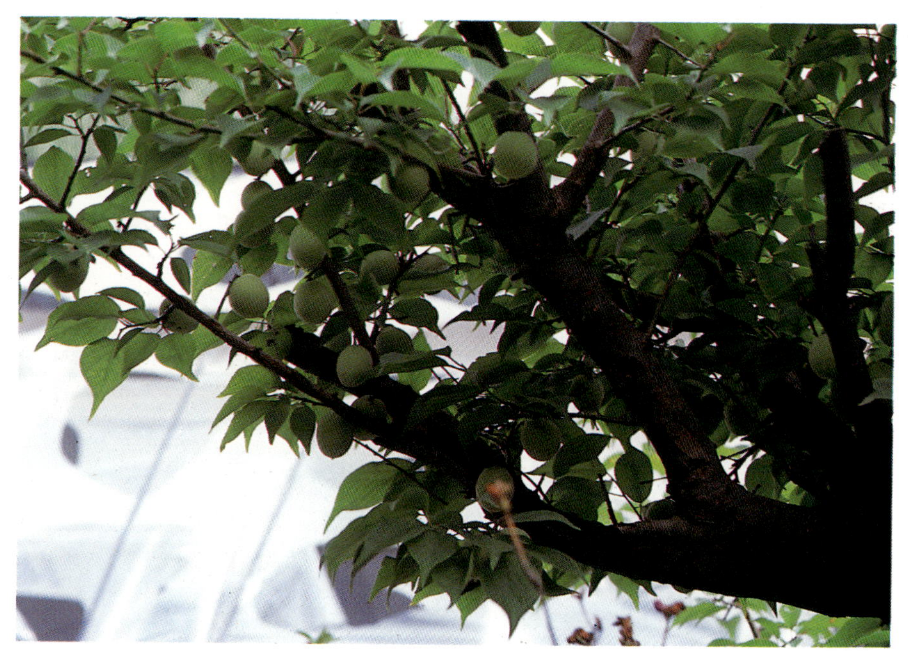

잎보다 먼저 연한 녹색이 돋는 백색의 꽃이 피며 개량종에는 홍색과 백색 등 여러 가지가 있다. 심은지 5, 6년이 지나면 수확할 수 있다. 6, 7월에 어느 정도 완전한 과실이 되는데 익지 않은 푸른 과실을 채집한다. 껍질을 벗긴 다음 씨를 발라내고 과육을 짚불(藁火)에 그을려 검게 하는데, 그것을 말리어 조제한 것을 오매(烏梅)라 하며 약재로 쓰인다. 또한 과실을 소금에 절여 두었다가 반찬으로도 먹는다. 이것을 매간(梅干)이라 하며 술과 제과 등에도 쓰인다.

용도 식용, 관상용, 약용 등으로 쓰인다. 또한 청량성(淸凉性) 수렴약(收斂藥)으로 지사(止瀉 ; 설사를 그치게 함), 소갈(消渴 ; 당뇨병같이 목이 쉬 말라 물이 자주 먹히는 병), 회충 구제, 해열, 진해(鎭咳 ; 기침을 멎게 함), 거담(祛痰 ; 가래를 없어지게 함), 건위(健胃), 주독(酒毒) 등의 약재로 쓰인다.(왼쪽, 오른쪽)

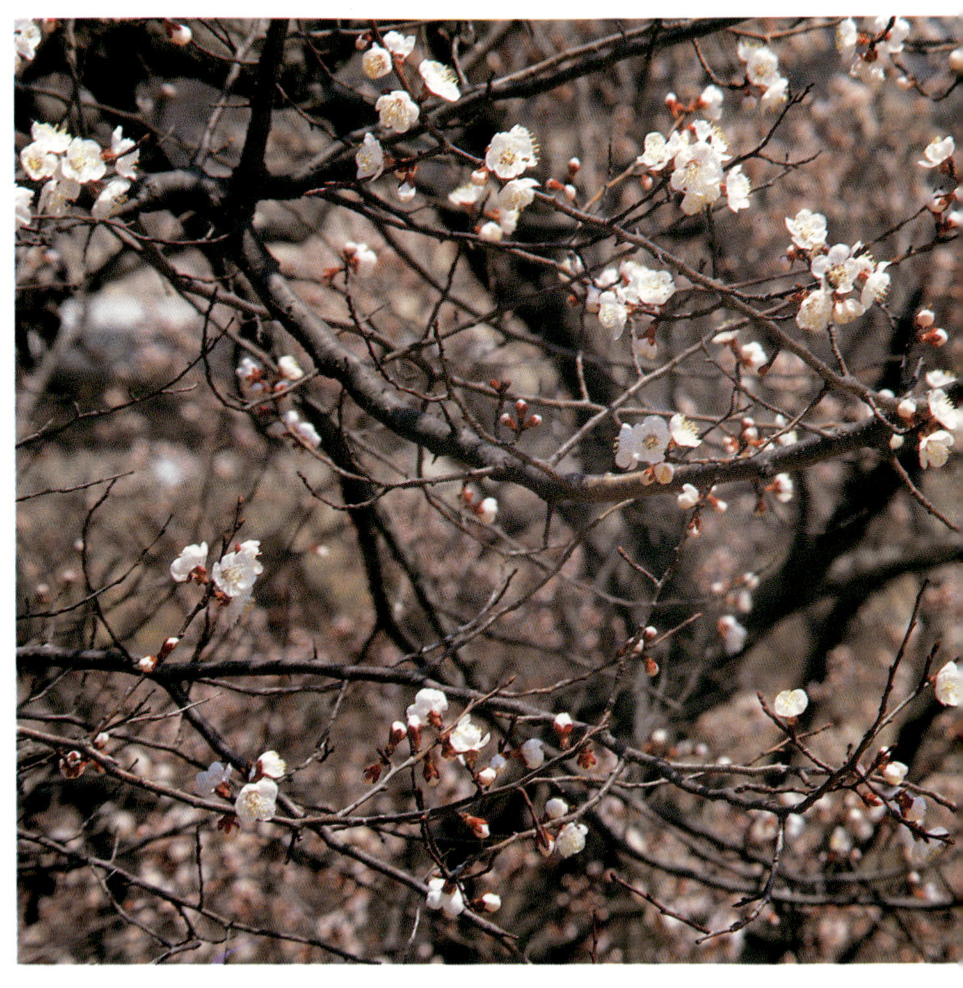

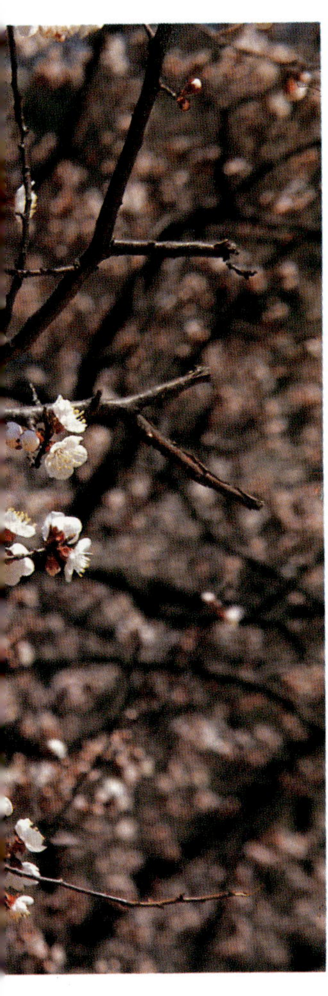

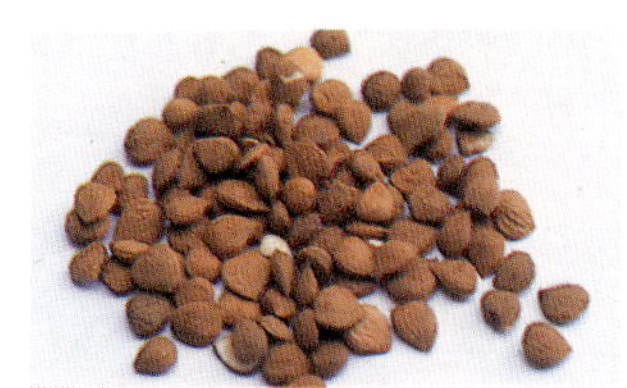

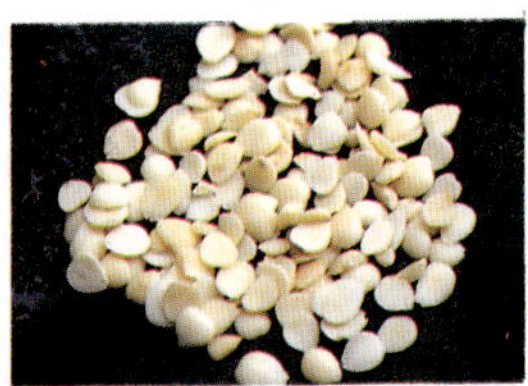

살구나무(杏)　Prunus ansu Komarov.

　생약명은 행인(杏人)과 행인유(杏人油)이며 살구, 행수, 행자, 대백행(大白杏), 백행, 은백행(銀白杏), 회령백살구나무, 구라파살구나무, 참살구나무 등의 속명이 있다. 이 나무의 열매(果實)를 살구라 하고, 과실의 씨를 행인(杏仁)이라 하여 약재로 쓰인다.

　주요 성분　Amygdalrin, Prumasin. olein, Amandim 등 여러 가지가 함유되어 있다.(왼쪽, 위 왼쪽, 오른쪽, 14쪽)

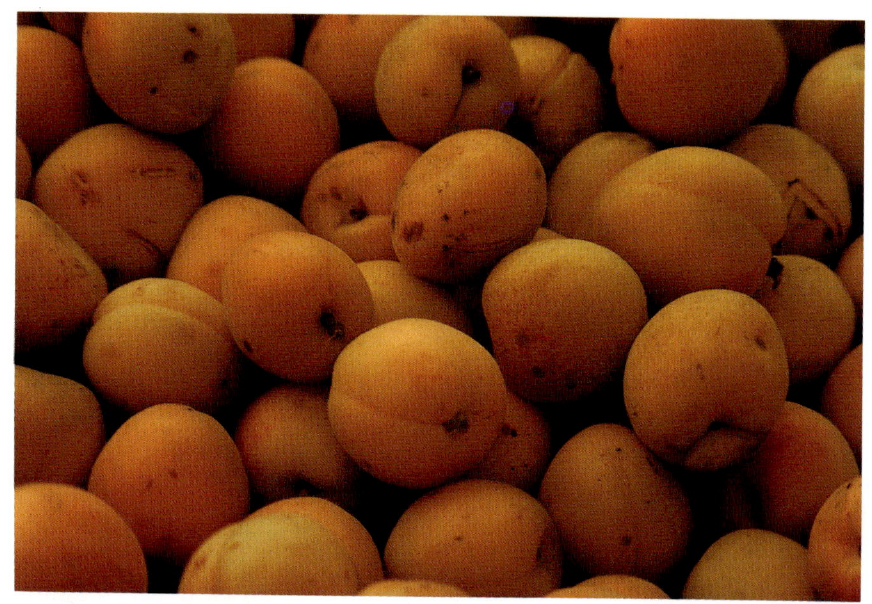

살구

생육 조건 우리나라에서 과수(果樹)로 재식하고 있는 장미과의 낙엽 교목이다. 남부
와 중부 지방의 민가나 산야지에 자란다. 특히 응달이 지고 비옥한 양토에 잘 자란
다. 종자 번식이 잘 되며 늦가을에 묘판에 심고 흙을 3센티미터 정도 덮어 준다. 이듬
해인 5, 6월에 발아하며 가을에 옮겨 심는다. 15센티미터 높이로 자라는 나무이며,
4월에 잎보다 먼저 꽃이 핀다. 꽃은 연한 홍색으로 피며 6월에 열매가 익는다. 심은
뒤 5, 6년 지나면 수확할 수 있다. 식용할 수 있으며, 부산물로 나오는 과실의 씨를
쪼개어 햇볕에 잘 건조시켜 보관하는데 이를 행인이라 하여 약재로 쓰인다. 또 그
기름을 행인유(杏仁油)라고 한다.
용도 식용, 공업용, 밀원용, 관상용, 약용 등에 쓰이며 보익, 진해, 두통, 중풍, 진정,
거담 등의 청산 배당체(靑酸配糖體)로 쓰인다. (12, 13쪽, 위)

14

오이풀(地楡)　　Saguisorba officinalis L.

　생약명은 지유(地楡)와 지유근(地楡根)이며 지유자(地楡子), 수박풀, 외순나물, 가는오이풀, 양승마수박풀 등의 속명이 있다. 이 밖에 각 지역에 따라 다른 이름이 있으며, 이 풀의 뿌리를 지유라 하여 약재로 쓰인다.

주요 성분　Sanguisorbienin Tannin 등이 함유되어 있다.

생육 조건　전국의 산야지 및 평지에 자라는 장미과의 여러해살이풀이다. 70에서 100센티미터의 높이로 자라며 7월에서 9월에 꽃이 핀다. 꽃은 혈적색(血赤色)이며 둥근 타원형의 보리, 밀의 이삭 모양으로 핀다. 10월에 종자가 익는다. 전국의 낮은 야산에 흔히 자라며 특히 산비탈의 습기가 있는 토질에 잘 자란다. 인가 부근의 밭에 심어도 잘 자란다. 파종은 종자가 잘 번식되지 않기 때문에 큰 포기를 나누어 심어야 한다. 가을에 뿌리를 캐어 흙을 잘 씻은 다음 햇볕에 건조시켜 보관한다.

용도　식용, 관상용, 약용 등에 쓰이며 지혈제로도 사용된다. 토혈, 월경 과다, 하리(下痢 ; 이질), 산후 복통, 풍상, 충독, 대하증 등의 약재로 쓰인다.

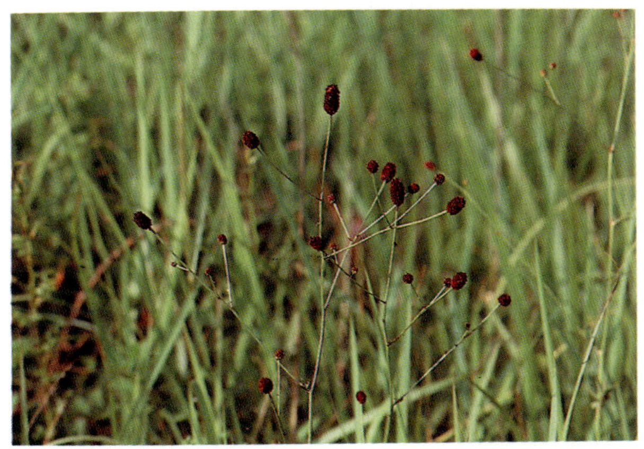

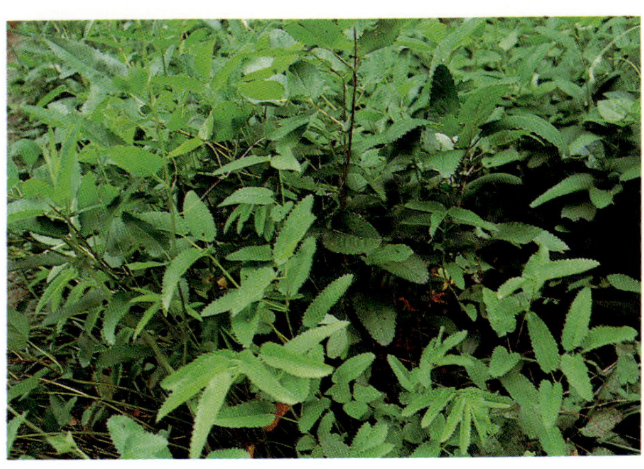

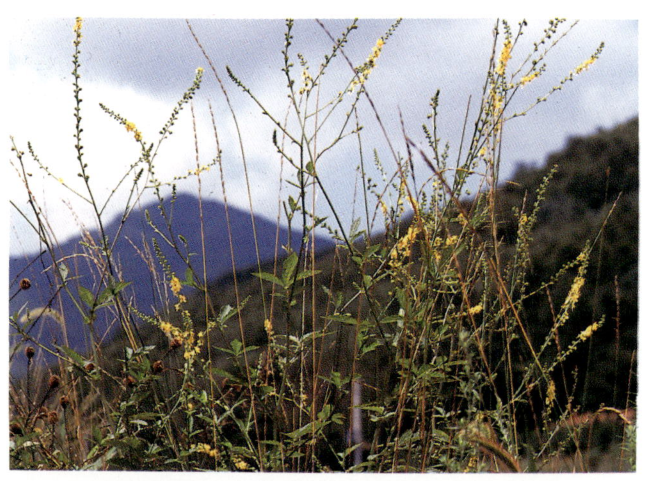

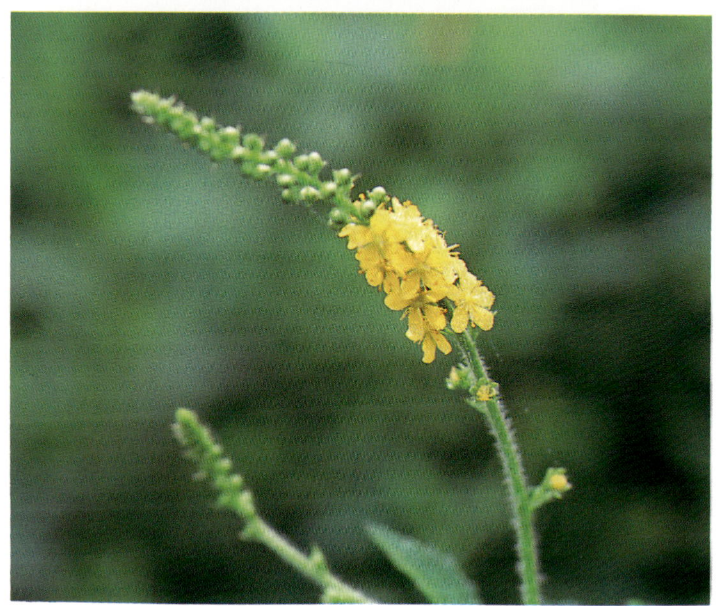

짚신나물(龍芽草)　Agrimonia pilosa Ledeb. var. japonica Nakai.

생약명은 용아초와 선학초(仙鶴草)이며 지동풍(地洞風), 자모초(字母草), 금선초(金仙草), 지초(地草), 과향초(瓜香草), 지선초(地仙草), 짚신풀, 롱아초, 랑아초, 룡아초 등의 속명이 있다. 이 밖에 지역마다 다른 이름이 많은 풀이며 이 풀의 전초(全草)를 약재로 쓰인다.

주요 성분　Phenol. Agrimonolide C_{18} H_{18} O_5 Tannin 등이 함유되어 있다.

생육 조건　전국의 초원에 흔히 자라는 장미과의 여러해살이풀이다. 50에서 100센티미터의 높이로 자라며 7, 8월에 황색의 꽃이 피고, 9월에 종자가 익는다. 인가 주변의 적당한 야산지에 심어도 잘 자라는 이 풀은 비옥한 토질일수록 풀포기가 탐스럽다. 파종법은 가을에 종자를 뿌리고 적당히 흙을 덮어 주면 된다. 이른봄 풀포기를 나누어 심으면 잘 자란다. 6, 7월에 풀 전체를 채집하여 햇볕에 잘 말려서 보관하는데 뿌리채 캐는 것이 좋다. 짚신나물은 경제적 가치는 그다지 크지는 않지만 농가의 부업이나 화단에 심어 관상초로 심어도 좋다.

용도　식용, 관상용, 약용으로 쓰이며 풀 전체에 이담(利膽), 수렴(收斂) 작용 성분이 있다. 그리고 하리나 지혈, 대하증, 선혈, 구충제 등의 약재로 쓰인다. (왼쪽 위, 아래, 오른쪽)

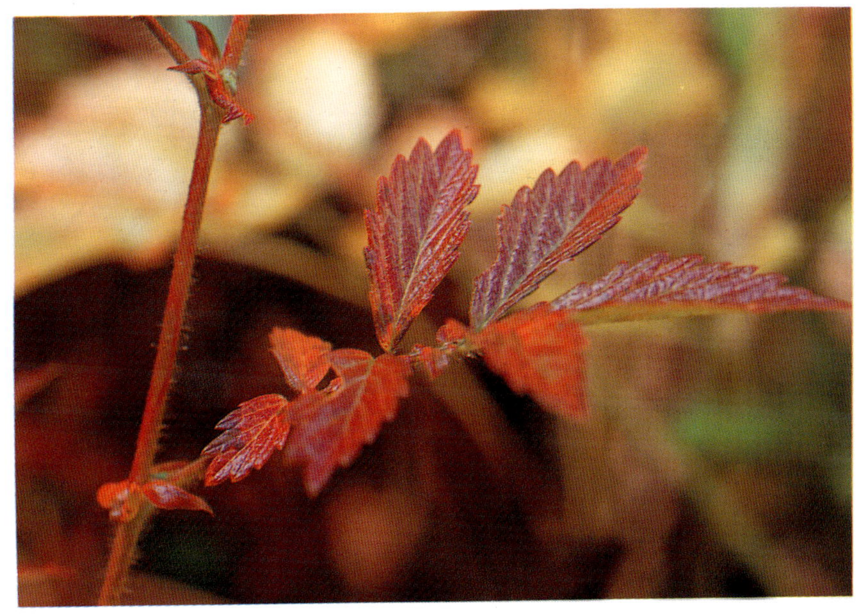

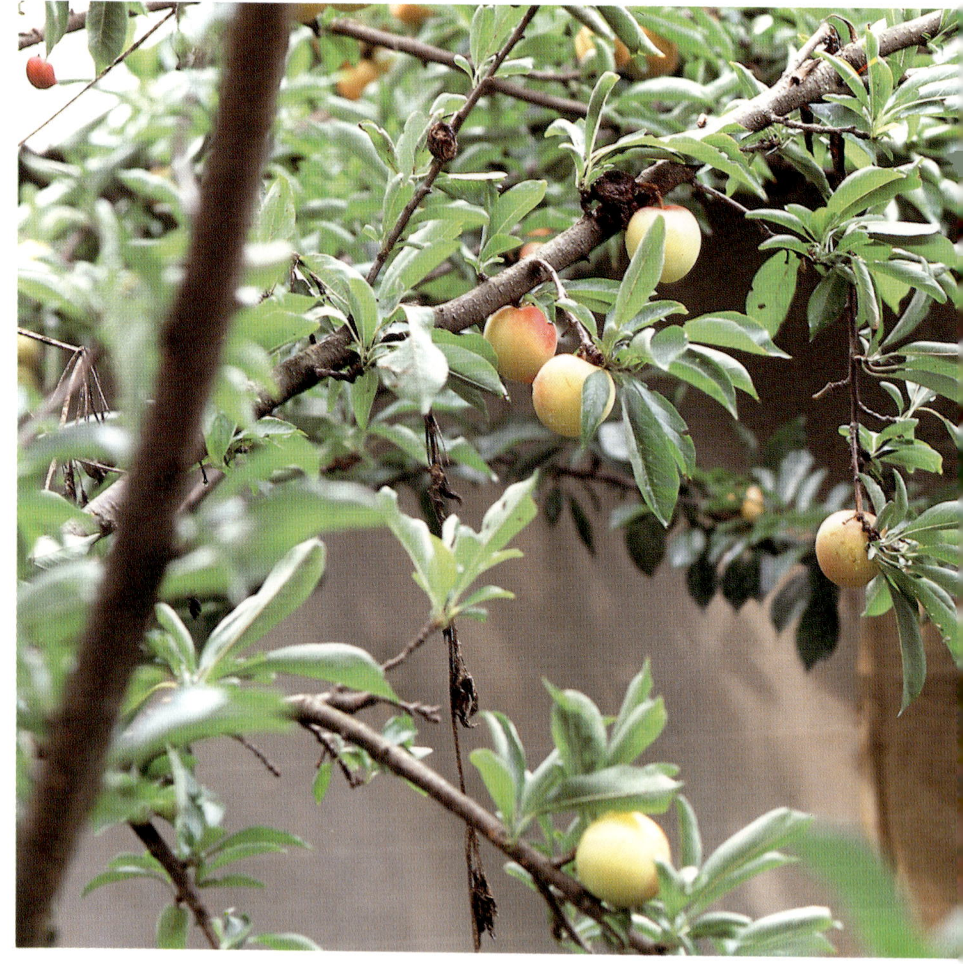

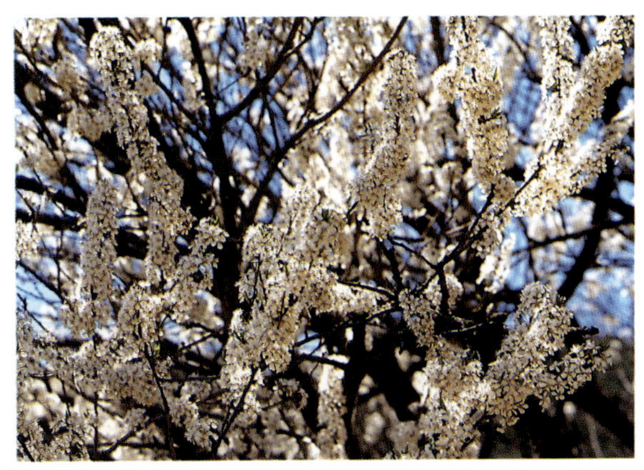

자도나무(李, 紫桃) Prunus salicina Lindl.

생약명은 자도, 욱이인(郁李仁), 이인(李仁)이며 이자(李子), 이실(李實), 적리자(赤李子), 이화수(李花樹), 야리자(野李子), 추리, 추리나무, 자두, 자두나무, 오얏나무(경기도), 참추리나무, 동양종추리, 야생자도나무, 양벚나무, 산개벚지나무, 벚나무, 오얏 등의 속명이 있다.

주요 성분 Vanilin. Syringaldehyde, Coniferaldehyde sinapaldeyde 등이 함유되어 있다.

생육 조건 우리나라에서는 과수로 재식하는 장미과의 낙엽 교목이다. 간혹 야생 상태로도 자라긴 하지만 대개 중부 지방의 농가에서 재식한다. 햇볕이 잘 들고 배수와 통풍이 잘 되는 비옥한 토질에 잘 자라는데, 파종은 어려우며 종묘상에서 종묘를 구입하여 10, 11월이나 봄에 퇴비를 넣고 정식(定植)한다. 높이는 3 내지 10미터의 높이로 자라며 4월에 잎보다 먼저 백색의 꽃이 피며 8월에 열매가 익는다. 정식을 한 뒤 5, 6년이 지나면 많은 수확을 할 수 있다. 8월에 익은 과실의 씨앗을 건조하여 종이 포대 등에 보관한다. 농가의 부업으로도 경제적 가치가 높다. 야산이나 유휴지 등에 퇴비를 많이 하여 심으면 길지 않은 시일에 수확할 수 있어 좋은 식물이다.

용도 자도나무의 열매를 자도라 하는데 식용할 수 있으며 껍질을 제거한 씨를 건조하여 수종 등의 질병에 이뇨제로 사용된다.(왼쪽, 오른쪽)

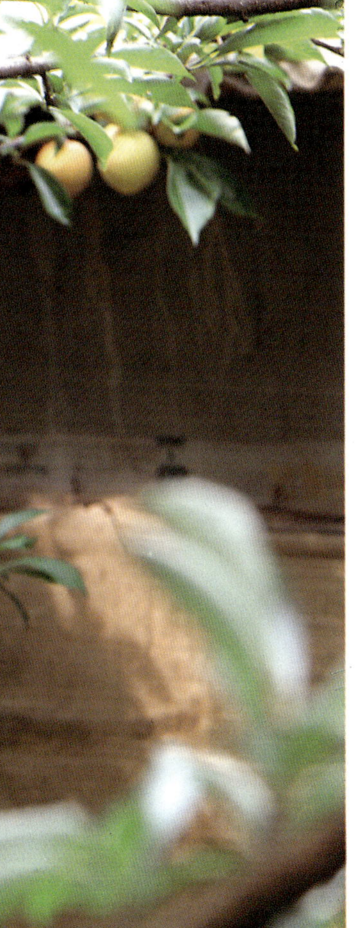

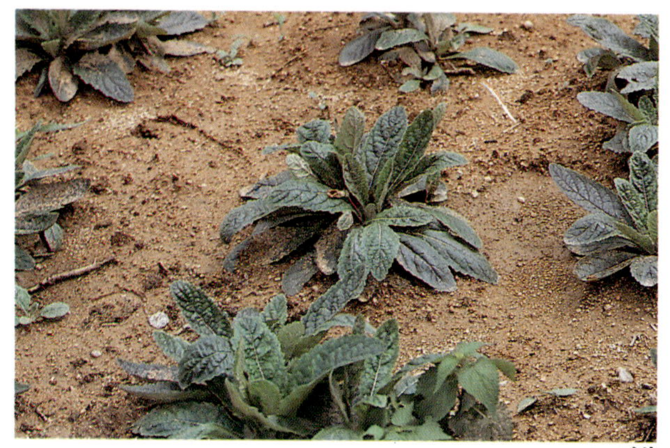

지황

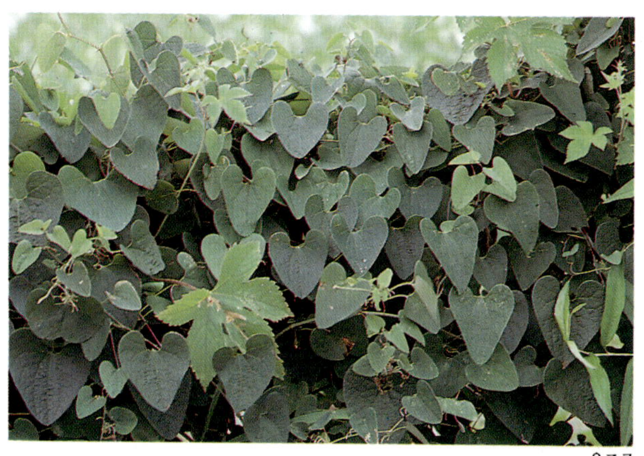

은조롱

지황(地黃)　Rehmannia glutinosa Libosch. var purpurea Makino. Nemoto.
　생약명은 생지황(生地黃), 건지황(乾地黃), 숙지황(熟地黃)이며 생지(生地), 천황(天黃), 인황(人黃), 산백채(山白菜), 자화지황(紫花地黃), 자지황(紫地黃), 자색지황(紫色地黃) 등의 속명이 있다.
　주요 성분　Purpurea glucoside c. Purpurea gluocside B. Digitoxose Mannitol 및 당.
　생육 조건　중국이 원산지며 약초 농가에서 재식하는 현삼과의 여러해살이풀이다. 남동쪽으로 향한 배수 좋은 사질 양토에 적합하며 뿌리를 수확하기 때문에 뿌리가 깊이 들어갈 수 없는 땅은 피해야 한다. 심는 시기는 4월 중순에서 하순까지가 적당하나 남부 지방은 5월 중순까지도 심을 수 있다. 30센티미터의 높이로 자라며 6, 7월에 홍자색 꽃이 피고 10월에 종자가 익는다.
　용도　관상용, 약용으로 쓰이며 보혈 및 강장약 재료로 많이 쓰인다. 경제적 가치가 높아 약초 농가에서는 상급 품목이며, 농가 부업도 가능하다. (위)

20

은조롱(白何首烏)　Cynanchum wilfordii Hemsl.

생약명은 백하수오(白何首烏)이며 큰조롱, 하수오, 새박풀, 해숭애, 새조롱, 곱뿌리 등의 속명이 있다. 이 밖에 각 지방마다 다른 이름이 있으며 덩굴로 된 이 풀의 뿌리를 제조하여 백하수오라 하고 약재로 쓰인다.

주요 성분　Cynanchotoxin, Phytolocatoxin. 레지틴, 안트라퀴논 및 다량의 전분.

생육 조건　우리나라 각 지방의 산지에 야생하는 풀로 어디든지 재배할 수 있는 박주가리과의 여러해살이덩굴풀이며 유독성 식물이다.

용도　식용, 관상용, 약용으로 쓰이며 강장약, 완하약, 한열, 금창, 출혈, 중풍 등의 약재로 쓰인다.(왼쪽 아래)

캄프리　Symphytum officinale L.

생약명은 캄프리이며 러시안 컴프리라는 속명이 있다. 외지에서 들어온 약초 식물인데 농가에서 재식도 하며 이 풀의 잎이 약재로 쓰인다.

주요 성분　Cholin, Cosolidin, Allantoin 등이 함유되어 있다.

생육 조건　소련의 코카사스 지방이 원산지인 지치과의 여러해살이풀이다. 생명력이 아주 강해 봄에 씨를 뿌려도 잘 되고 대개는 포기나누기를 하여 심는데 100센티미터의 높이로 자라며 6, 7월에 꽃이 피고 8월에 종자가 익는다. 생잎으로 이용하려면 어린잎을 사용하고 건조한 잎을 사용할 때에는 여름에 잎이 다 자랐을 때가 좋다. 풀잎을 전부 따내면 또 다시 자란다. 따낸 잎을 햇볕에 말려 가루로 만들어서 종이 봉지에 보관한다.

용도　어린잎을 식용하고 관상용, 약용으로 쓰이며 청즙의 재료로 쓰인다. 보익, 고혈압, 진정 등에 약재로 쓰인다.(아래)

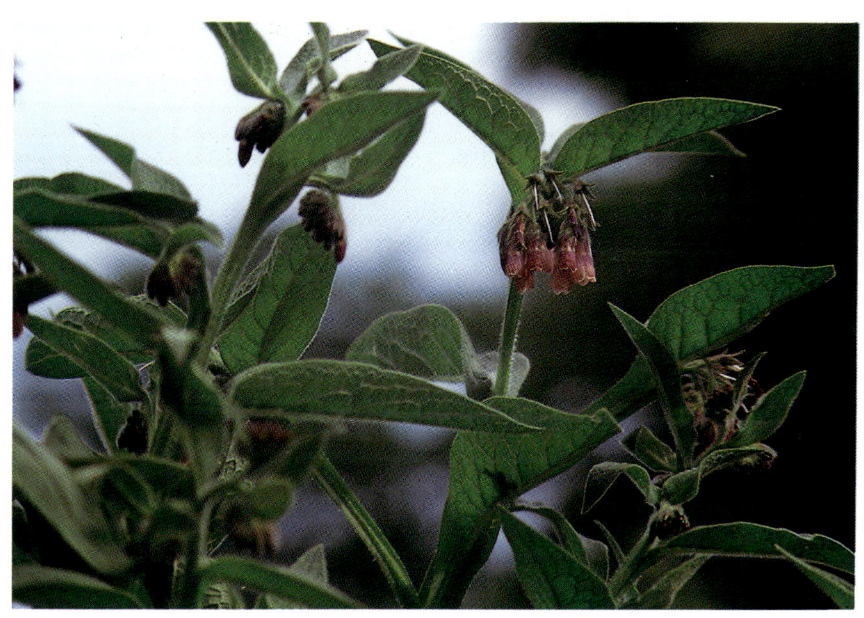

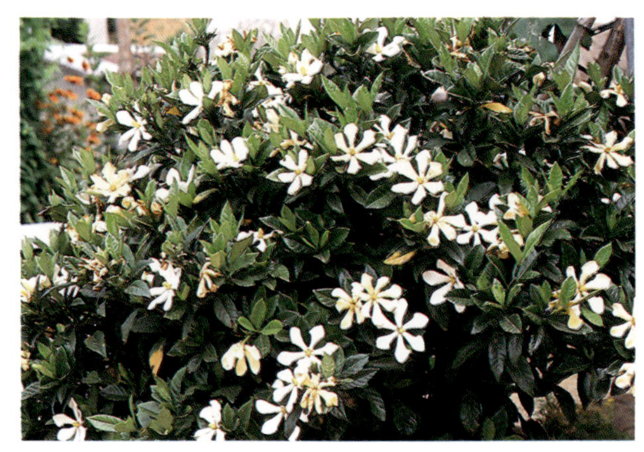

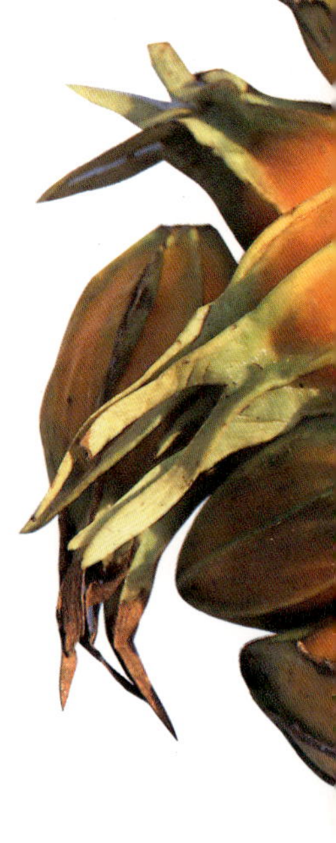

치자나무(梔子)　Gardenia jasminoides Ellis.

　생약명은 치자이며 치자수(梔子樹), 황치자(黃梔子), 치자화(梔子花), 산치자(山梔子), 월도(越桃), 치자나무열매, 꽃치자 등의 속명이 있다. 이 밖에 지역에 따라 다른 이름이 있으며 이 나무의 열매를 치자라 하여 식용 및 약용으로 쓰인다.

주요 성분　Benzylalcihol. Crocetin, Tiglie acid, Carotin 등이 함유되어 있다.

생육 조건　재식하는 식물로 꼭두선과의 상록 관목이며 우리나라의 기후 조건으로는 남부 지방의 따뜻한 곳에서 잘 자라지만 중부 지방, 충청도까지도 자란다. 겨울에도 푸른 잎을 유지하며 토질은 비옥하고 음습한 곳에 잘 자란다. 인가 근처의 남은 밭 등에 심으면 잘 자란다. 종자 파종으로 번식할 수 있으나 대개는 삽목법(挿木法 ; 꺾꽂

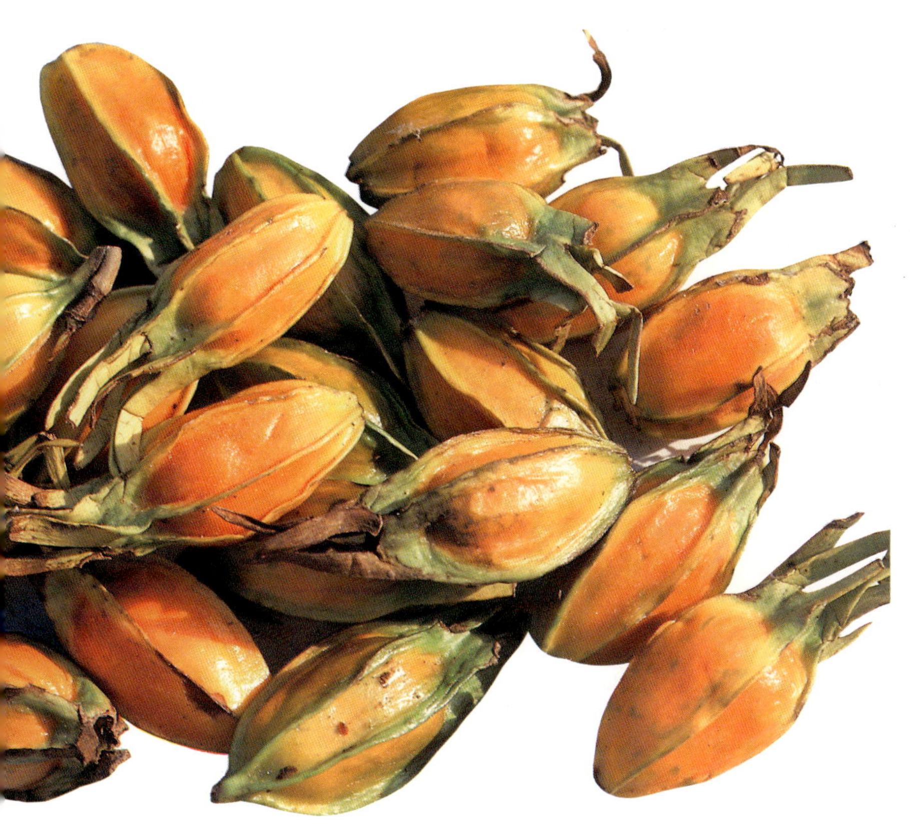

이법)하여 번식된다. 삽목은 봄에 새싹이 나와 생장된 가지를 7월 무렵에 20센티미터 정도로 잘라서 모래를 섞은 화분 등에 꽂아 뿌리를 내리도록 한다. 뿌리내리는 기간은 1, 2개월이 된다. 가을이나 아니면 이듬해 봄에 적당한 가식 묘판을 만들어 옮겨 심은 뒤 2년 정도 키워서 정식을 하면 잘 자란다. 3미터의 높이로 자라며 7월에 순백색의 커다란 꽃이 피며 향기가 진하게 난다. 수확은 정식 뒤 3, 4년이면 열매가 맺기 시작한다. 가을에 열매가 주황색으로 익어가고 찬서리가 내릴 즈음 열매를 따서 햇볕에 잘 말려 보관한다.

용도 식용, 관상용, 약용 등에 쓰인다. 식품의 착색료 및 정혈약으로 쓰인다. 해열, 감기, 이뇨, 당뇨, 지혈, 황달, 임질, 진통, 불면, 결막염 등에 쓰인다.(왼쪽, 오른쪽)

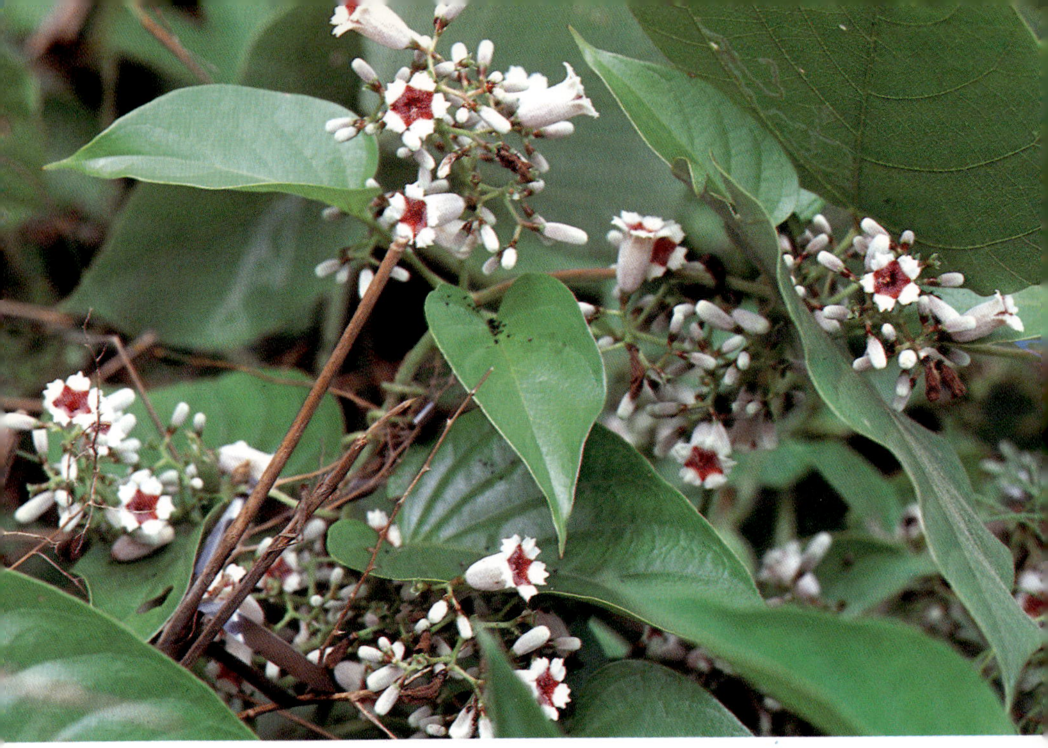

계요등(鷄尿藤)　Paederia chinensis Hance.

　생약명은 계뇨등(鷄尿藤)이며 산지과(山地瓜), 우피동(牛皮凍), 계요등, 구린내덩굴 등의 속명이 있다. 이 풀의 덩굴줄기를 계뇨등이라 하여 약재로 쓰인다.

주요 성분　Saponin 등이 함유 되어 있다.

생육 조건　우리나라의 제주도, 울릉도, 남부 중부 지방의 야산지 양지쪽 초원이나 수림지 주변에서 자라는 꼭두선과의 낙엽 만목(덩굴식물)이며 1.5미터의 길이로 뻗는 덩굴 나무이다. 파종은 가을에 황갈색의 둥근 열매를 채집하여 이른봄에 뿌리면 잘 발아한다. 야생 상태로 자라는 것을 옮겨 심을 수도 있다. 수확은 9, 10월에 열매 가 황갈색으로 익어갈 때 땅 위로 나온 덩굴줄기를 잘라서 햇볕에 건조시켜 보관하며 뿌리도 햇볕에 건조하여 보관한다. 경제성은 그다지 크지는 않지만 다른 약초와 더불 어 재식하는 것도 좋은 방법이다.

용도　관상용, 약용으로 쓰이며 이 식물의 즙을 짜서 대개는 동상 등에 약으로 쓰인 다. 거풍, 충독, 해소, 거담, 이질, 해독, 감기, 신장염, 내풍 등에 전초(全草)와 뿌리를 약재로 쓴다.

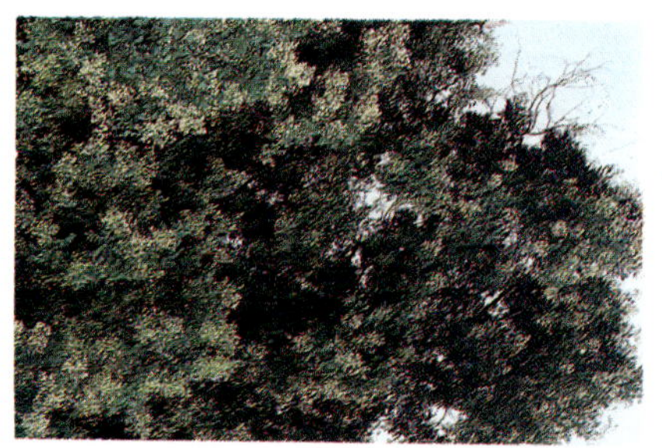 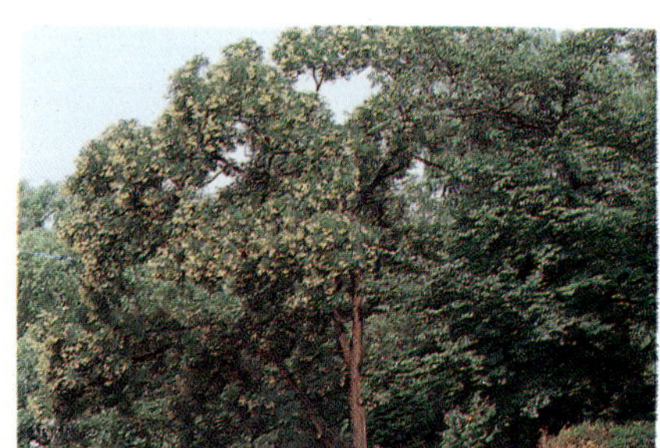

회화나무(槐) Sophora japonica L.

  생약명은 괴화(槐花), 괴각(槐角), 괴미(槐米)이며 홰나무, 괴각자(槐角子), 약참(若參), 괴두각(槐豆角), 황괴(黃槐), 흑괴(黑槐), 두괴(豆槐), 백괴(白槐), 자괴(紫槐), 화뢰(花蕾), 회화나무꽃, 회화나무열매, 회화나무 꽃봉오리 등의 속명이 있다. 지역에 따라 다른 이름이 있으며, 이 나무의 꽃을 괴화라 하고 열매를 괴각이라 하며 꽃이 맺힌 봉오리를 괴미라 하여 약재로 쓰인다.

주요 성분 Serine, Glucine, Glytamic acid, Threnine, Rutin, Betulin, Valine 등의 여러 가지가 함유되어 있다.

생육 조건 중국이 원산지로 우리나라 중부, 북부 지방 등 전국에 재식하는 콩과의 낙엽 교목이다. 추위나 가뭄을 잘 견디는 강인한 나무로 대개는 인가 주변에 잘 자란다. 종자 파종이나 대개는 분주법으로 번식이 된다. 종묘상에서 묘를 구하는 것이 쉬운 방법이며 종자 수확은 오랜 시일이 걸린다. 수확은 이미 수십 년 자란 나무에서 수확하는 것이 좋다. 12 내지 20미터의 높이로 자라며, 7, 8월에 꽃봉오리 및 꽃을 수확하고 열매는 9, 10월에 수확한다. 꽃과 봉오리는 채취하여 햇볕에 말려 보관하며 종자도 마찬가지이다. 유휴지를 적당히 이용하면 장래성이 있는 수종이다.

용도 정원수 및 가로수 등으로 밀원용, 관상용에 쓰이며 공업용, 약용으로 쓰인다. 특히 모세혈관을 부드럽게 하는 작용을 하여 고혈압 예방약 등으로 쓰인다. 뇌일혈(腦溢血), 충혈정, 소염, 장출혈, 토혈 등에 약재로 쓰인다.

감초(甘草)　Glycyrrhiza glabra L. var. glandulifera Regel, et zucc.
　생약명은 감초이며 감초근(甘草根), 감초뿌리 등의 속명이 있다. 많은 한방약에 약재로 사용되는 나무이고, 뿌리를 감초라 하여 약재로 쓰인다.
　주요 성분　Glycyrrhizin, Glycyrrhigin Ca. K. Ammonium-glycyrrhizin Liouiritin 등 여러 가지가 함유되어 있다.
　생육 조건　중국 북부 지방 및 시베리아가 원산지로 콩과의 여러해살이풀이다. 기후는 우리나라 북부 지방과 만주, 몽고 등지에서 잘 자라며 비교적 서늘한 지역에 잘 자라기 때문에 강원도 산간 지역과 같은 기후가 낮은 지대에서 재배할 수 있다. 토질은 사질 양토로 배수가 잘 되고 건조한 토질에 잘 자란다. 번식은 종자로도 번식이 되는데 대개는 가을 및 이듬해 봄에 파종하여 흙을 적당히 덮어 주고 그 위에 왕겨나

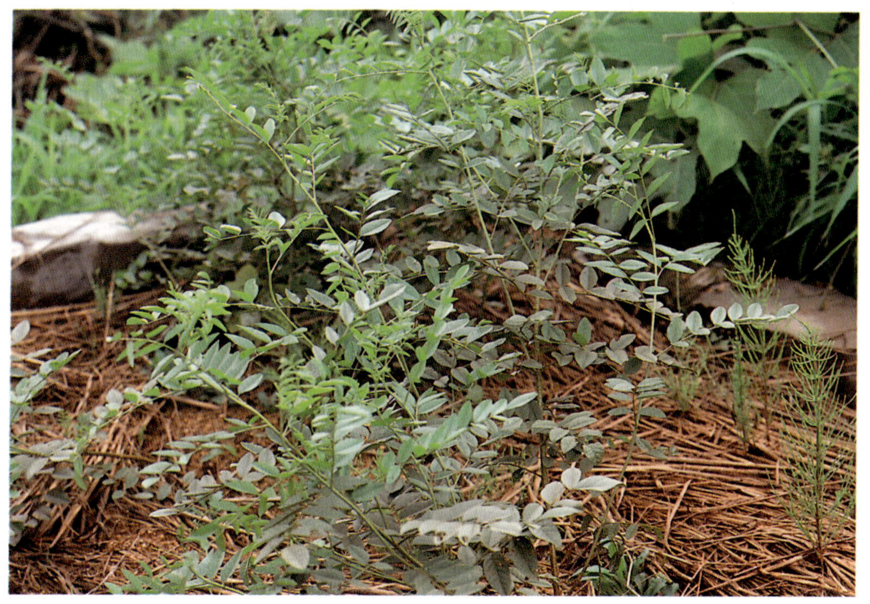

볏짚을 덮어 주며 발아 뒤에 볏짚을 걷어낸다. 100센티미터의 높이로 자라며 7, 8월에 꽃이 피고 꽃은 연한 담자색으로 피며 9, 10월에 콩깍지 같은 종자가 익는다. 수확은 심은 뒤 3, 4년 되어 늦은 가을에 깊이 들어간 뿌리를 캐내어(뿌리가 길다) 물에 깨끗이 씻어서 햇볕에 건조하여 잘 보관한다. 그러나 우리나라에는 야생하는 것이 없으며 소량을 약초 시험장에서 재식하지만 활성화되지 못하고 있다. 중남부 지방의 시험 재배에서도 아직 결실된 바 없으므로 이 감초의 종묘를 입수하여 앞에서 설명한 장소 등에서 재식하여 수확만 잘 한다면 현재 수입에 의존하는 만큼 경제적 가치가 높다.

용도 약용으로 쓰이며 해독의 목적으로 한방에서 대개는 모든 약에 사용한다. 거담, 진해, 오한, 위궤양, 해독, 식중독, 보혈, 인후통, 교미, 완하 등에 약재로 쓰인다. (왼쪽, 오른쪽)

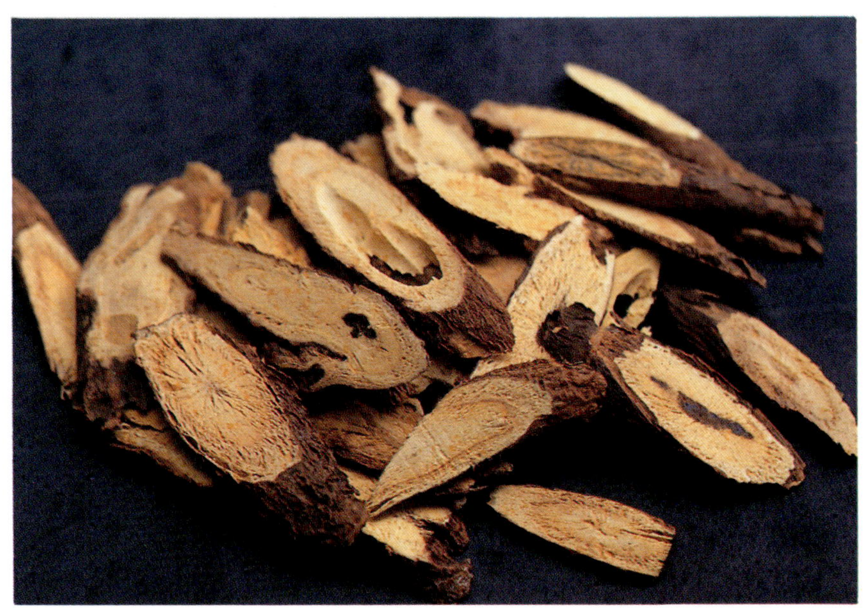

황기(黃芪, 黃蓍)　　Astragalus membranaceus Bunge.

　생약명은 황기(黃芪), 황시(黃蓍)이며 황지(黃支), 대황기(大黃芪), 단너삼, 노랑황기, 도미황기, 목황기, 면화기, 황초, 황계 등의 속명이 있다. 이 밖에 지역에 따라 다른 이름이 있는 덩굴풀인데, 이 풀의 뿌리를 조제한 것을 황기라 하여 약재로 쓰인다.

주요 성분　　Glucose, 점액 전분 등이 함유되어 있다.

생육 조건　　우리나라의 울릉도 및 중부, 북부 지방의 산지 중턱 초원에 자라는 콩과의 여러해살이풀이다. 특히 경기 및 강원 지방 산간의 진흙이 다소 섞인 점질 양토가 적당하다. 심는 방법은 오래 묵은 포기의 종자를 채집하여 4월 초순 무렵에 콩을 심는 것과 같이 파종하면 된다. 100센티미터의 길이로 자라며 7, 8월에 황색으로 꽃이 피며 조금 지나면 주황색으로 변해간다. 수확은 심은 뒤 2, 3년 되어 가을에 캐낸다. 양질의 토양에서는 심은 해에도 굵은 뿌리를 수확할 수 있다. 그러나 오래 된 것이 더 가치가 있다. 수확할 때 되도록 뿌리가 끊어지지 않도록 주의해서 캐낸다. 뿌리를 물에 잘 씻어서 껍질을 긁어 벗긴 뒤 햇볕에 건조시켜 말릴 때 뿌리를 곧게 정돈해 준다.

용도　　약용으로 쓰이며 강장약 및 모든 종기에 쓰인다. 폐병, 늑막염, 보익, 종창, 해열, 치질 등에 약재로 쓰인다.

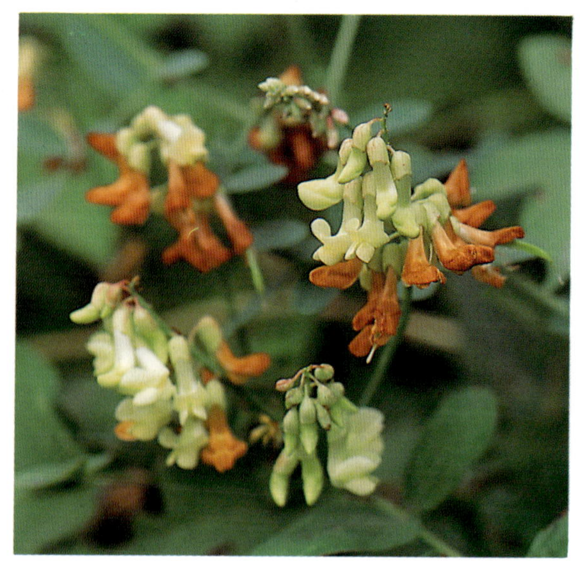

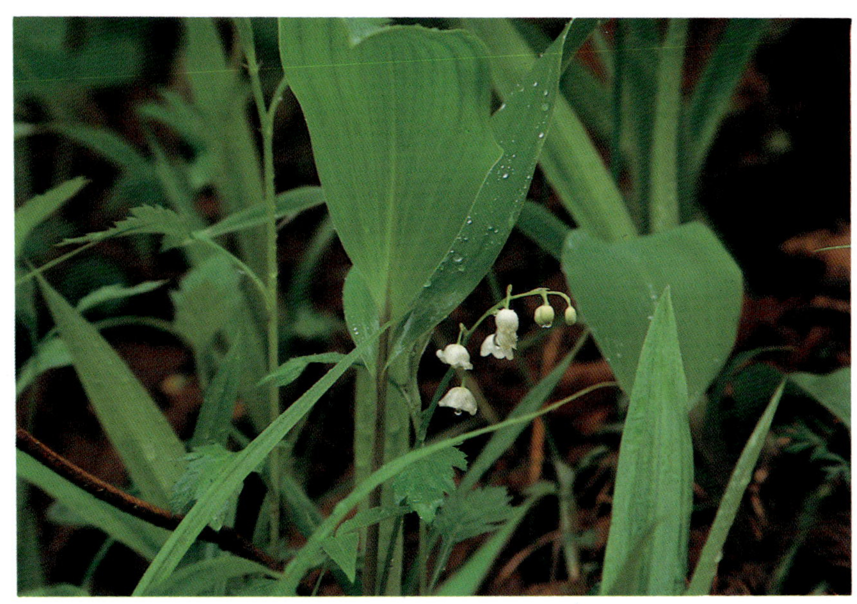

은방울꽃(鈴蘭)　　Convallaria Keiskei Miq.

　생약명은 영란(鈴蘭)이며 군영초(君影草), 오월화(五月花), 초옥란(草玉蘭), 녹영초(鹿鈴草), 향수화(香水花), 초옥영(草玉鈴), 콘발라리아초, 은방울꽃뿌리 등의 속명이 있다. 이 밖에 지역에 따라 그 이름도 여러 가지로 부르는 풀이며 이 풀의 전초(全草), 뿌리를 약재로 쓰인다.

주요 성분　Convalloside, Convallamarin, Convallatoxin, Lutein, Convallarin 등이 함유되어 있다.

생육 조건　우리나라 남부, 중부, 북부 지방의 고산지 정상 부근 초원에 군집하여 자라는 백합과의 여러해살이풀이다. 통풍이 잘 되고 약간 건조한 곳을 좋아하는 풀이므로 산간의 야산 정상 비옥한 땅에 재식이 가능하다. 번식은 뿌리로 하는데 지하경에 많은 뿌리가 있으므로 가을에 뿌리를 캐어 4, 5센티미터 정도로 뿌리를 떼어내 약 10센티미터 간격으로 정식한다. 이때 5, 6센티미터 깊이로 심는다. 20, 30센티미터의 높이로 자라며 5, 6월에 꽃이 피고 꽃은 백색으로 방울같이 매달려 핀다. 수확은 2년 뒤쯤 하는 것이 좋으며, 5, 6월 꽃이 한창 필 때 한다. 유효 성분이 꽃에도 많이 들어 있기 때문에 잎줄기와 뿌리채 캐내 뿌리를 물로 깨끗이 씻고 꽃이 떨어지지 않도록 하고 음지에 잘 말린다.

용도　관상용, 약용에 쓰이고 강심약 등에 쓰인다. 강심, 이뇨, 근심염 등에 약재로 쓰인다.

천문동(天門冬)　Asparagus cochinchinensis Merr.

생약명은 천문동이며 천동초(天冬草), 명천동(明天冬), 천동
(天冬), 홀아지좃, 부지깽이나물, 혹아지꽃, 천문동 뿌리
등의 속명이 있고 이 밖에 지역에 따라 다른 이름이 있다.
이 풀의 땅 속 구근 뿌리를 조제한 것을 천문동이라 하여
약재로 쓰인다.

주요 성분　Sugar l-Asparagine 등이 함유되어 있다.

생육 조건　우리나라 울릉도 및 남부 지방 중부 지방의
해변 산지에 많이 자라는 백합과의 여러해살이풀이다.
추위에 약한 식물이며 번식은 종자 및 뿌리로 한다. 종자는
9, 10월에 익은 종자를 채집하여 이듬해 4월 무렵에 씨를
뿌리고 흙을 3센티미터 정도 덮고 그 위에 볏짚을 덮어
주며 20일 정도면 발아한다. 가을에 이 묘를 밭에 정식하면
이듬해 수확한다. 1.5미터의 높이로 자라며 5, 6월에 꽃이
피고 꽃은 연한 황색으로 피며 8, 9월에 종자가 익는다.
큰 뿌리는 약재로 쓰고 가는 뿌리를 다시 땅 속에 심는다.
큰 뿌리는 물에 깨끗이 씻어 잿물(木灰汁 ; 숯이나 볏짚을
태운 것)에 2, 3일 동안 담갔다가 꺼내어 물에 다시 씻어
햇볕에 잘 말려 보관한다.

용도　식용, 관상용, 약용 등에 쓰이며 대개는 강장약 등에
쓰인다. 자양, 이뇨, 진해, 토혈, 보노, 폐염, 양정, 진정 등에
약재로 쓰인다.(왼쪽, 오른쪽)

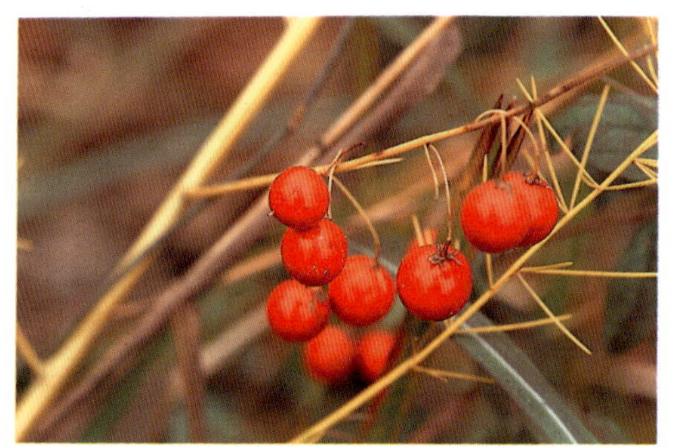

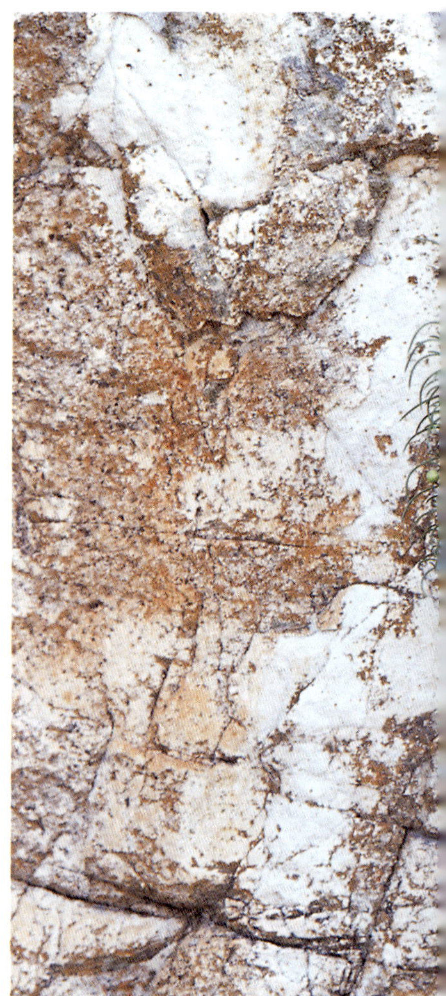

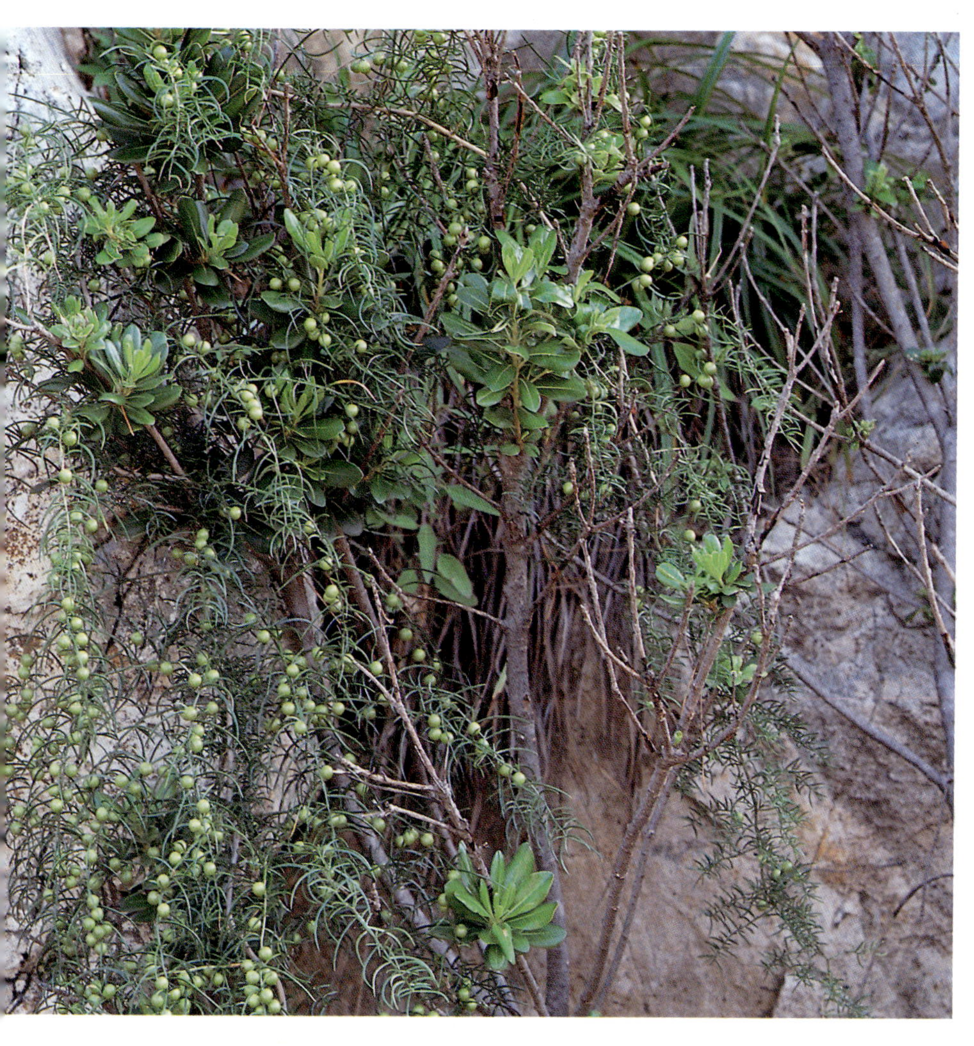

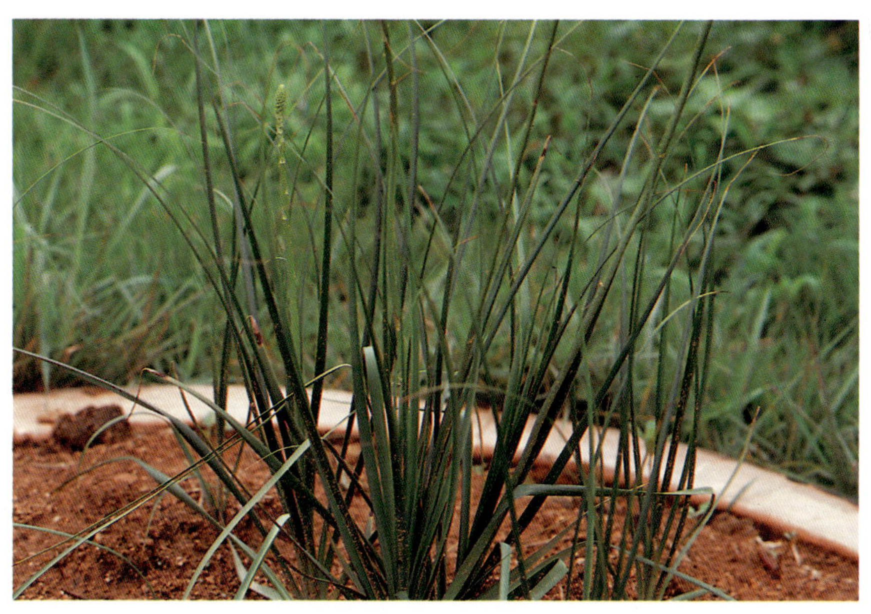

지모(知母)　　Anemarrhena asphodeloides Bunge.

　생약명은 지모, 지모근(知母根)이며 산판자초(蒜瓣子草), 모지모(毛知母), 지참(地參), 지모육(知母肉), 도근초(倒根草), 광지모(光知母), 침범 등의 속명이 있고 이 밖에 지역에 따라 다른 이름이 있다. 이 풀의 뿌리를 지모라 하여 약재로 쓰인다.

　주요 성분　Asphonin, Sarsasapogenin, Markogenin, Chimonin 등이 함유되어 있다.

　생육 조건　중국 북부 지방이 원산지이며 우리나라 중부 지방 약초 농가에서 재식하는 백합과의 여러해살이풀이다. 산비탈의 밭이나 인가 주변의 밭에 심으면 적당하다. 번식은 종자 및 분주에 의하여 가능하다. 8월 무렵에 익은 종자를 채집하여 이듬해 봄 4월에 묘판을 만들어 씨를 심고 흙을 5, 6센티미터 정도 덮어 주고 위에 볏짚을 덮어 주어 건조하지 않게 한다. 발아하고 2년 뒤 가을에 다시 정식하면 잘 자란다. 뿌리 번식은 수확한 뿌리 중에서 발육 상태가 좋은 것을 골라 눈(芽) 3에서 5개 정도씩 나누어 심는다. 100센티미터의 높이로 자라며 5, 6월에 꽃이 담자색으로 피며 7, 8월에 종자가 익는다. 수확은 심은 뒤 2, 3년이 되는 가을에 캐어내 뿌리를 물에 씻어서 적당히 물에다 삶는다. 삶은 것을 햇빛에 말려 보관한다.

　용도　관상용, 약용에 쓰이며, 해열약 등으로 쓰인다. 발한, 진통, 이뇨, 신경통 등에 약물로 쓰인다.(왼쪽, 오른쪽)

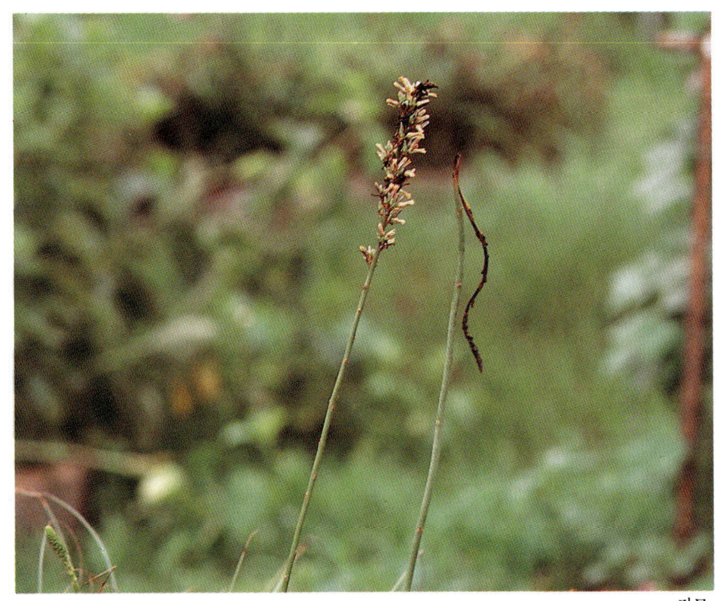

지모

참나리(卷丹)　Lilium lancifolium Thunb.

　생약명은 권단(卷丹), 백합(百合)이며 호피백합(虎皮百合), 홍백합(紅百合), 약백합(藥百合), 당개나리, 산나리, 호랑나리 등의 속명이 있다. 이 밖에 지역에 따라 다른 이름이 있으며 이 풀의 구근을 권단, 백합이라 하여 약재로 쓰인다.

주요 성분　P-Coumaric acid Blaterin 등이 함유되어 있다.

생육 조건　전국의 야산지 초원이나 인가 부근의 둑에 흔히 자라는 백합과의 여러해살이풀이다. 번식은 종자로 잘 되지 않으므로 줄기와 잎자루 사이에 붙은 흑청색의 주아(珠芽)가 한 개씩 돋아 있는데 이 주아를 8, 9월에 채집하여 바로 땅에 심는다. 다른 방법은 지난 해 자랐던 곳에서 주아가 땅에 떨어져 작은 묘가 생겨나므로 이른 봄에 어린 묘를 옮겨 심어도 잘 자란다. 1, 2미터의 높이로 자라며 7, 8월에 꽃이 핀다. 꽃은 적색 바탕에 흑자색의 반점이 많으며 꽃잎이 뒤로 약간 둥글게 말린다. 10월에 종자가 익으며 종자는 번식이 잘 안된다. 수확은 가을에 땅 속에 있는 양파 모양의 인경을 물에 깨끗이 씻어서 여러 조각으로 쪼갠 뒤 햇볕에 말려 보관한다.

용도　식용, 관상용, 약용으로 쓰이며 대개는 자양 강장약(滋養強壯藥)으로 사용된다. 자양, 강장, 건위, 종독, 진해, 거담 등에 약재로 쓰인다. (사진 34, 35쪽)

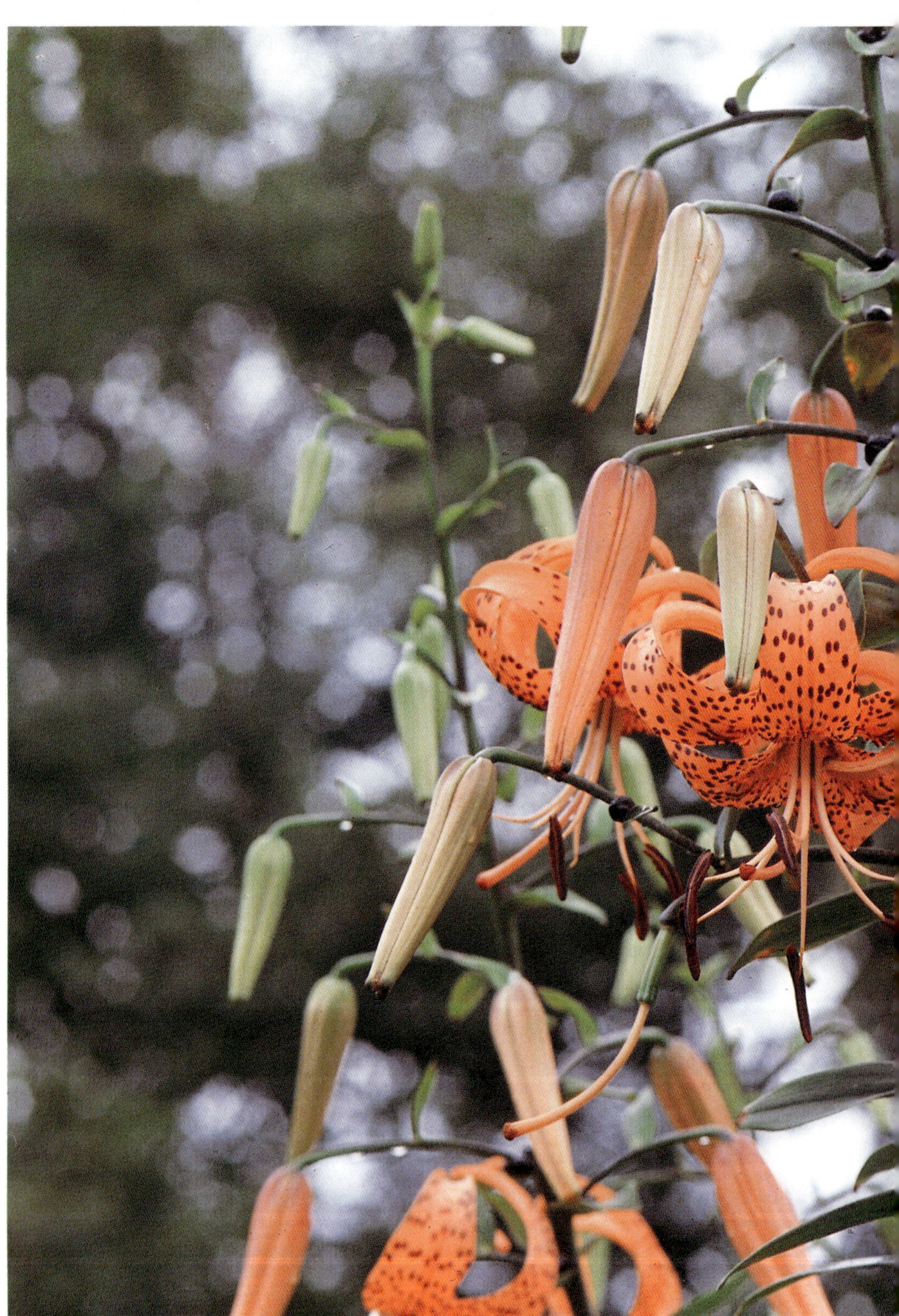

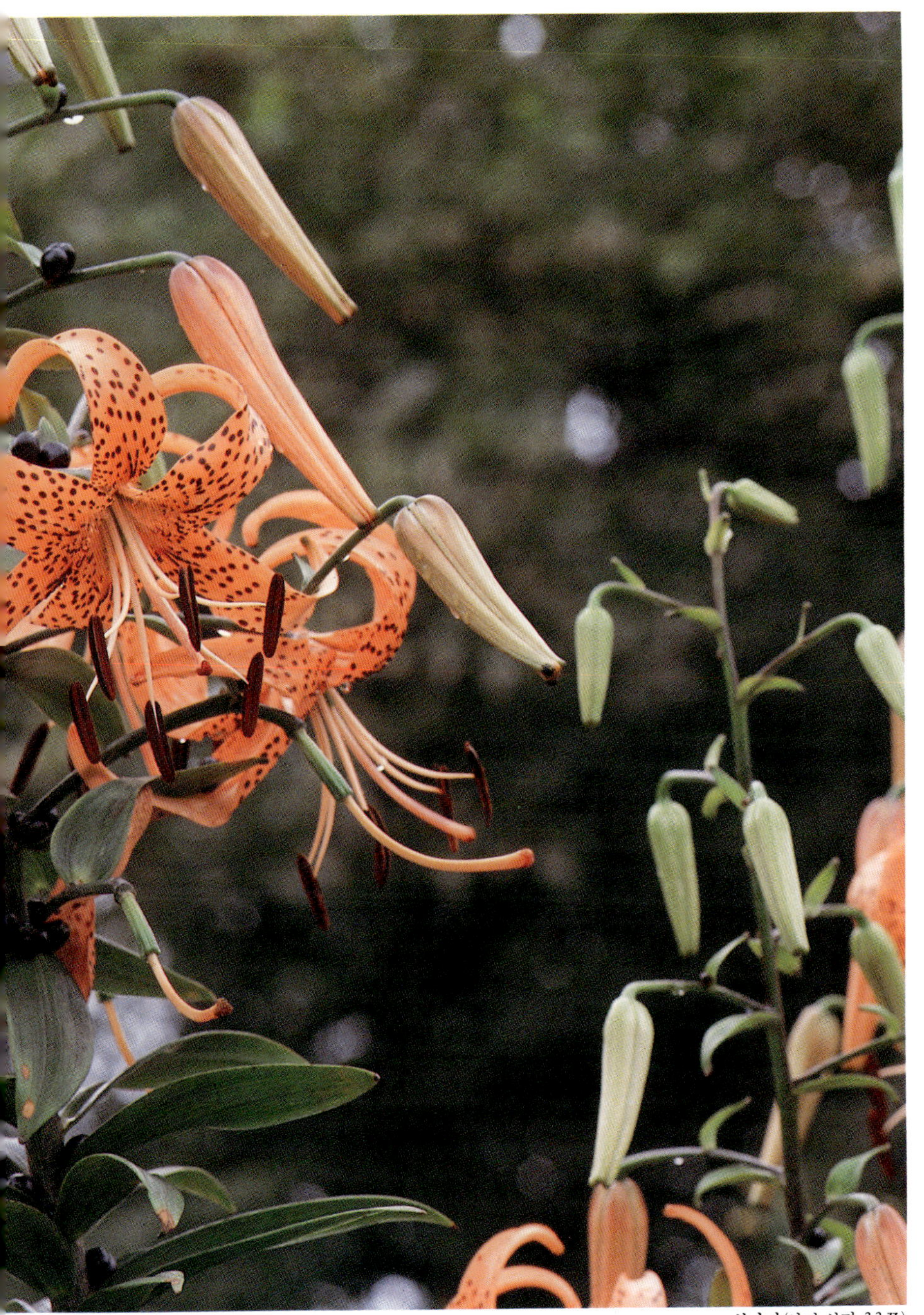

참나리(사진 설명 33쪽)

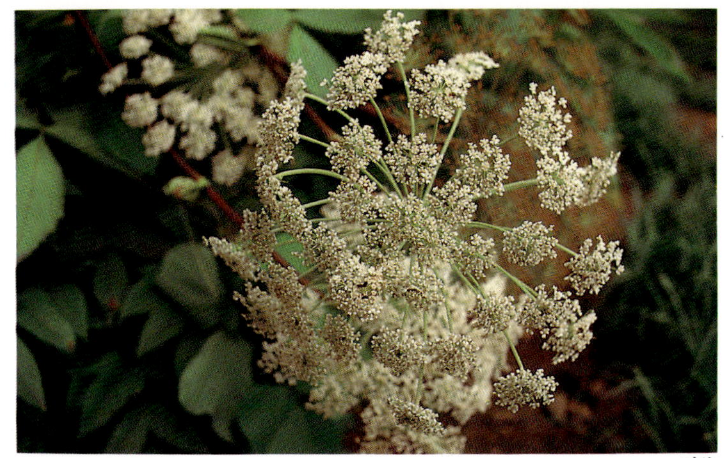

강활

강활(羌活) Ostericum Koreanum Kitagawa.

생약명은 강활이며 조선강활(朝鮮羌活), 대치산근(大齒山芹), 소엽근(小葉芹), 산근채
(山芹菜), 강활(姜活), 강호리, 강흐리, 강활뿌리, 강호리뿌리 등의 속명이 있고, 지역에
따라 다른 이름이 있다. 뿌리를 조제한 것을 강활이라 하여 약재로 쓰인다.

주요 성분 정유(精油)를 함유하고 있으며 그 밖의 성분은 아직 밝혀지지 않았다.

생육 조건 우리나라 중부 및 북부 지방 일대의 산야지 습원지에서 잘 자란다. 번식
은 종자 및 묘두(苗頭) 등으로 한다. 종자는 반드시 늦가을에 채집하여 바로 묘판에
뿌려 두고 흙을 1, 2센티미터 정도로 얇게 덮거나 볏짚으로 대신 덮는 경우도 있다.
씨앗은 겨우내 추위에 얼어야 봄에 발아가 잘 된다.

용도 해열, 진통, 진경, 백절풍, 중풍, 치통, 신경통, 두통 등에 약재로 쓰인다. (위)

일당귀(日當歸) Angelica acutiloba kitagcawa.

생약명은 일당귀이며 당귀라는 속명이 있다. 이 풀은 혼돈하기 쉬운 이름을 가진
풀로 뿌리를 일당귀라 하여 약재로 쓰인다.

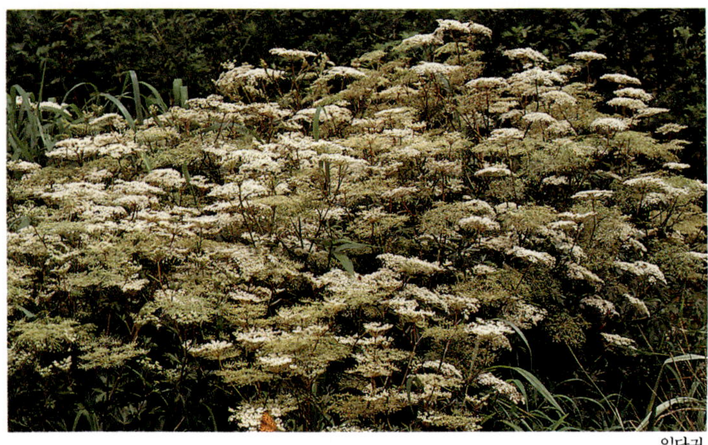

일당귀

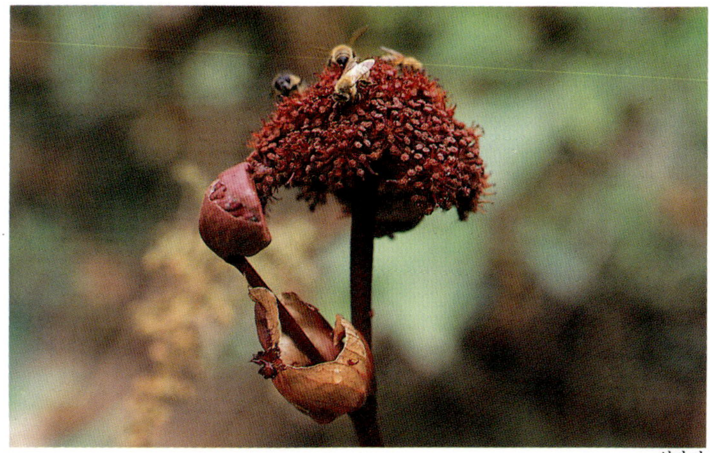

참당귀

주요 성분 Valerophenone otarboxulic acidn, Butylphtalidn, Hidrophthalid, Dodecanol.
생육 조건 토질은 표토(表土)가 깊고 부드러운 양토식 질양토로서 물이 잘 빠지는 야산지의 남쪽 방향 밭에 잘 자란다.
용도 감기, 정혈, 진통, 진정, 진해, 빈혈, 부인병, 두통, 이뇨, 간질, 건위, 익기, 치통, 통경, 산후 등의 약재로 쓰인다. (왼쪽 아래)

참당귀(當歸) Angelica gigas Nakai.
  생약명은 토당귀(土當歸)이며 당귀, 숭엄초, 신감채, 조선당귀, 신감초, 참당귀뿌리, 숭엄초뿌리 등의 속명이 있고, 이 밖에 지역에 따라 다른 이름이 있다. 뿌리를 토당귀라 하여 약재로 쓰인다.
주요 성분 Tetradecanol, Dodecanol, Bergaptene, 정유(精油).
생육 조건 번식은 종자로 되며 육모 이식법과 직접 파종하는 법 등이 있다.
용도 치질, 익기, 빈혈, 산후, 진정, 통경, 익정, 강장, 진통, 이뇨, 간질, 정혈, 치통 등에 약재로 쓰인다. (위, 아래)

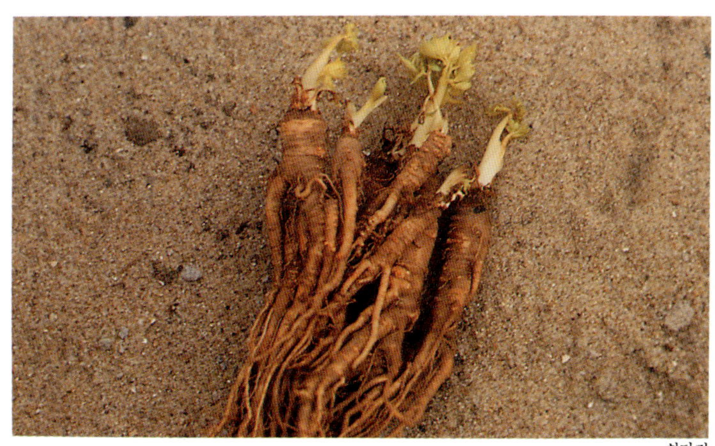

참당귀

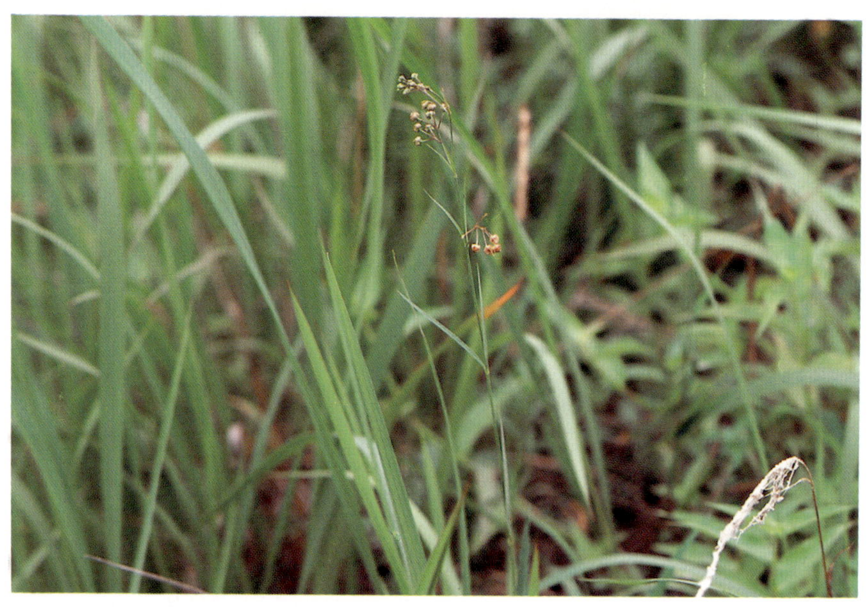

시호(柴胡)　Bupleurum falbatum L.

　생약명은 시호이며 북시호(北柴胡), 죽엽시호(竹葉柴胡), 뫼미나리, 묏미나리, 시호뿌리 등의 속명이 있다. 뿌리를 조제한 것을 시호라 하여 약재로 쓰인다.
　주요 성분　사포닌, 브프레우트모올 및 지방유(脂肪油) 등이 함유되어 있다.
　생육 조건　번식은 종자로 하고 종자 직파법과 육모 이식법이 있다. 직접 심고자 할 때는 봄에 종자를 뿌리고 흙을 얇게 1센티미터 정도 덮고 볏짚을 덮어 20일쯤 지나면 발아한다. 육모는 봄에 심어 가을에 정식을 해주면 잘 자란다. 이듬해 봄에 약간의 거름을 주고 8, 9월에 꽃대가 올라오면 꽃대를 잘라 주어 뿌리가 굵어지게 한다. 100센티미터의 높이로 자라며 황색으로 꽃이 핀다.
　용도　해열, 진통, 악창, 제암, 늑막염, 해소 등의 약재로 쓰인다.(위)

독활(獨活)　Aralia continontalis Kitagawa.

　생약명은 독활이며 땃두릅, 토당귀(土當歸), 뫼두릅, 구안독활, 땃두릅뿌리, 당두릅 등의 속명이 있다.
　주요 성분　Cloaorolic acidareloside A,B,Cholin, 정유(精油).
　생육 조건　전국의 산지 음지쪽에 잘 자라는 오갈피과의 여러해살이풀이다. 번식은 파종법과 묘두 식부법(苗頭植付法)으로 되나 파종은 어려우며 묘두로써 번식이 잘 된다. 가을에 수확할 때 뿌리는 잘라서 봄까지는 땅 속에 묻어 둔다. 이듬해 3월 하순부터 4월 중순 사이에 묘두를 꺼내어 적당히 쪼개서 심는다. 2미터의 높이로 자라며 7, 8월에 꽃이 피는데 연한 녹색으로 가는 꽃이 여러 개 모여 핀다. 종자용 묘두는 잘라서 묻어 두고 굵은 뿌리는 가늘게 쪼개어 껍질을 벗기고 햇볕에 보관한다.
　용도　해열, 강장, 거담, 위암, 당뇨병 등에 약재로 쓰인다. (오른쪽 위, 아래)

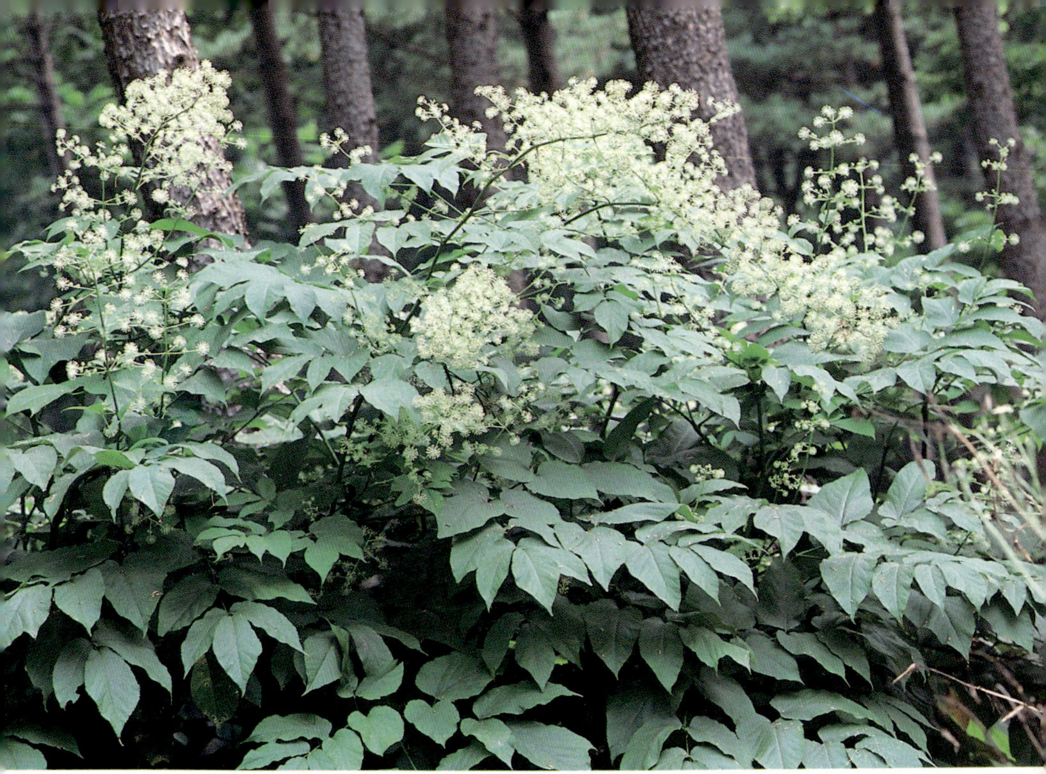

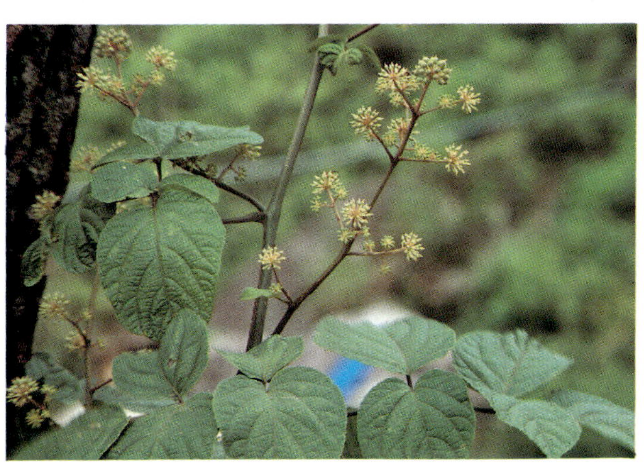

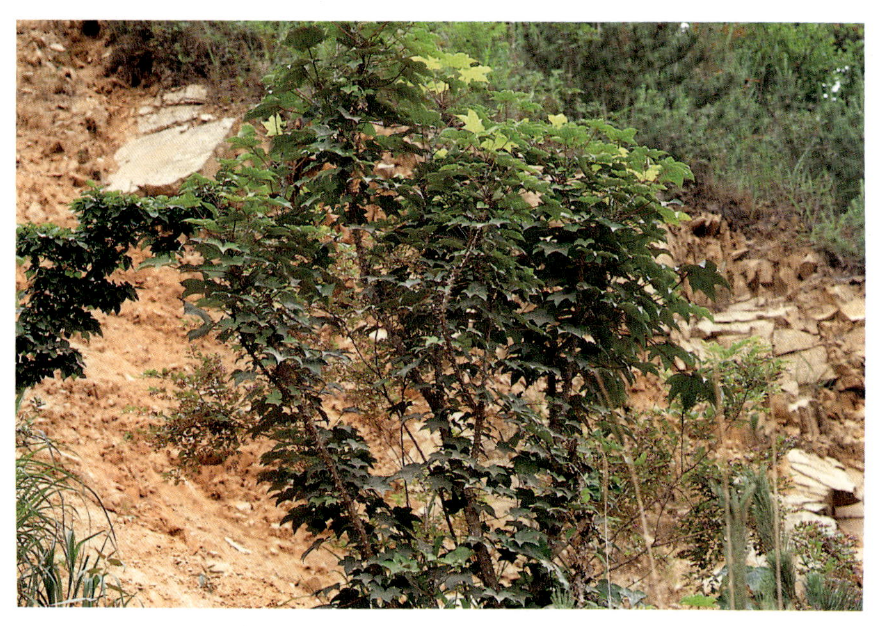

엄나무(刺桐) Kalopanax pictum Nakai.
  생약명은 해동피(海東皮)이며 자동수(刺桐樹), 해동목(海桐木), 해동(海桐), 음나무
(경기 지방), 개두릅나무(강원 지방), 멍구나무, 며느리채찍나무, 엄나무껍질 등의
속명이 있다. 이 밖에 지역에 따라 다른 이름이 있는 나무이며 뿌리 및 줄기의 껍질을
해동피라 하여 약재로 쓰인다.

주요 성분 방향성(芳香性) 식물이며 서포닌인, 베타타라닌 등이 함유되어 있다.

생육 조건 전국의 산지 및 인가 주변에 많이 자라는 오갈피과의 낙엽 교목이다. 번 식은 종자 및 분주법, 삽목법 등이 있다. 포기를 나누어 심어도 잘 자라며, 꺾꽂이를 하여도 뿌리가 잘 내리는 편이다. 종자 재배법은 잘 안되므로 봄철에 야생하는 것을 분주하거나 가지를 적당히 잘라서 심는다. 이 나무는 비옥한 땅이면 심은지 2, 3년 지나면 잘 자라고 4, 5년이 되면 3미터 이상으로 자라며 25미터까지는 자란다. 수확은 나무가 커지면 대개는 가지를 잘라서 10센티미터 정도로 토막을 내어 그늘에 말려 보관한다.

용도 식용, 공업용, 관상용, 약용 등에 쓰이며 거담 및 위장병 등의 약으로 사용한다. 진해, 거담, 신장병, 당뇨병, 위염, 위궤양, 이뇨 등에 약재로 쓰인다. (왼쪽, 오른쪽)

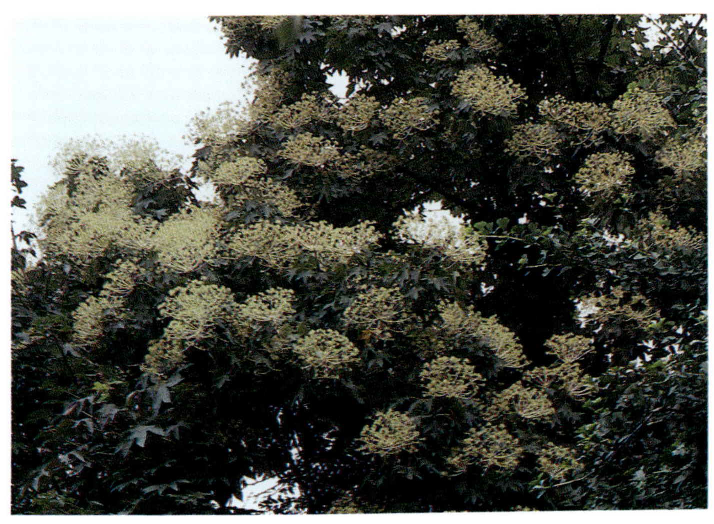

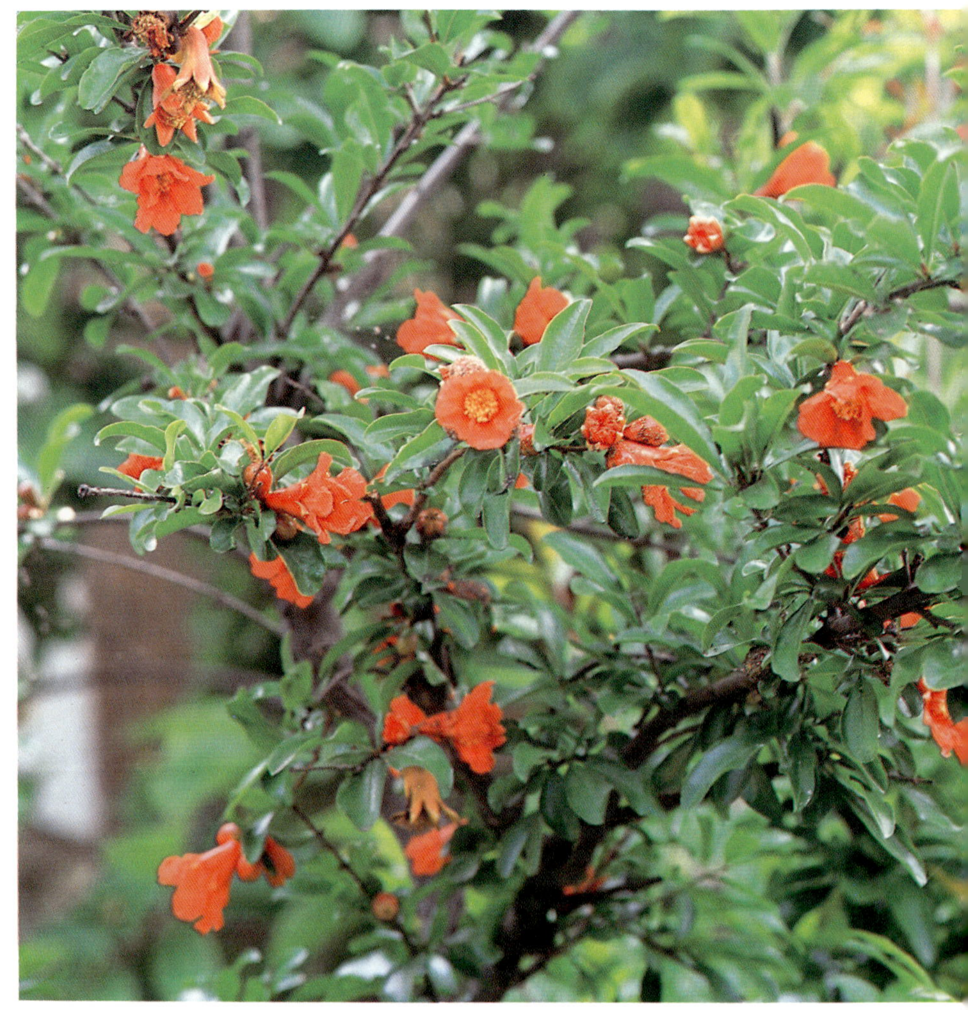

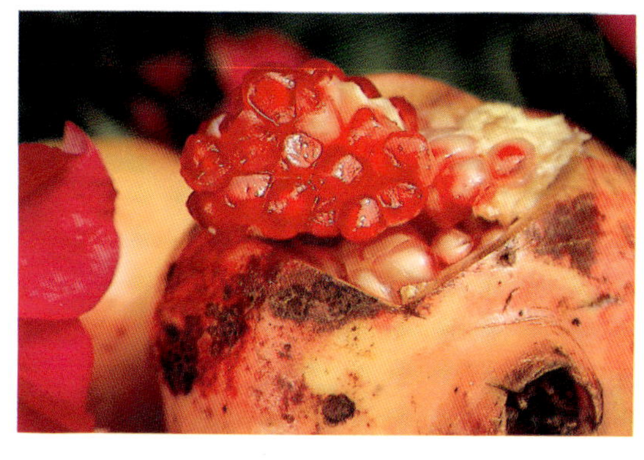

석류(石榴) Punica Granatum L.

생약명은 석류과(石榴果), 석류피(石榴皮)이며 석류목(石榴木), 석류수(石榴樹), 안석류(安石榴), 해류(海榴), 석류나무, 석류나무 껍질 등의 속명이 있다. 과실과 줄기 껍질의 약명이 따로 있는 나무이며 이 나무의 열매(果實)를 석류과라 하며 나무의 뿌리를 캐내 조제한 것을 석류근피(石榴根皮)라 하여 약재로 쓰인다.

주요 성분 알카로이드인, 페레치에린, 이소페레치에린, 프소이드페레치에린, 텐닌 등 여러 가지 성분이 함유되어 있다.

생육 조건 소아시아가 원산지로 석류과의 낙엽 교목이다. 우리나라에는 오래 전에 들어와 관상용 정원수로 수요가 많으며 과실은 과실대로 수요가 있고, 약재로 이용하며 뿌리까지 쓰이는 나무이기 때문에 남부 특히 중부 일부 지방에서 재식할 수 있는 가치성이 좋은 나무라 할 수 있다. 번식은 삽목법(挿木法)나 분주법(分株法)에 의하여 번식된다. 삽목법은 이른봄 새싹이 돋아나기 전 지난해에 성장한 가지 가운데 건실한 가지를 택하여 20센티미터 정도로 잘라서 1, 2마디가 모래 밖으로 나오도록 비스듬히 묘판에 묻어 둔다. 묘판은 그늘에 둔다. 1, 2개월 뒤면 뿌리가 내리고 싹이 튼다. 그 이듬해 봄에 다시 가식 묘판에 옮겨 심어 1, 2년 뒤에 정식하는 것이 좋다. 분주법은 뿌리 옆에 싹이 올라와 자라는 작은 포기를 묘판에 옮겨 자란 뒤 정식하면 된다. 높이 10미터로 자라며 6 내지 8월에 적색으로 꽃이 피며 10월에 과실이 익어 떨어진다. 뿌리를 수확하고자 할 때에는 큰 나무의 뿌리 일부분을 잘라 내어 껍질을 벗기고 말려 보관한다.

용도 식용, 관상용, 약용 등에 쓰이며 대개 구제약(驅除藥) 등으로 쓰인다. 조충, 설사, 장출혈, 수험, 지사, 구내염, 편도선염, 피임 등의 약재로 쓰인다. (왼쪽, 오른쪽)

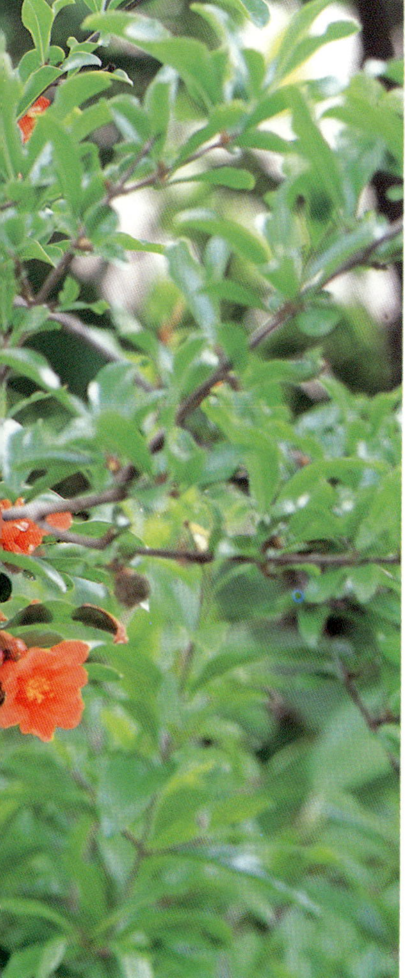

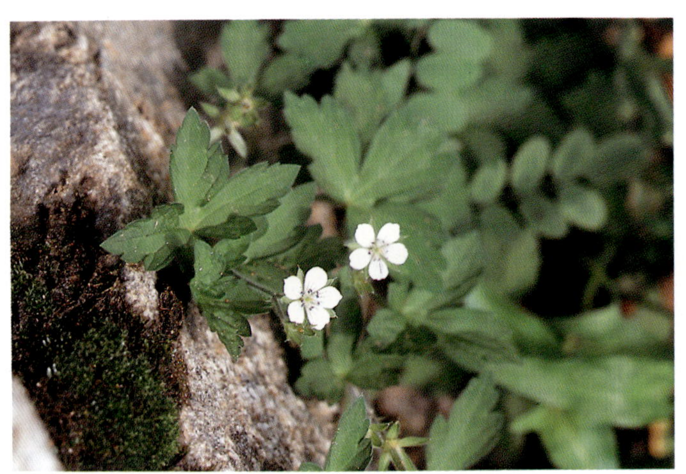

흰이질풀(牻牛兒)　Geranium nepalense Var. thunbergii for. pallidum Nakai.

　생약명은 방우아(牻牛兒), 현초(玄草), 이질풀이며 노학초(老鶴草), 이질초(痢疾草), 서장초(鼠掌草), 광지풀 등의 속명이 있다. 이 풀의 전초(全草)를 말려 조제한 것을 방우아 또는 현초, 노학초라 하여 약재로 쓰인다.

주요 성분　테닌, 퀘르세찐, 호박산 등이 함유되어 있다.

생육 조건　번식은 종자로 하며 가을에 종자를 채집하여 봄에 심으면 1개월 뒤에 새싹이 돋는다. 30에서 60센티미터의 높이로 자라며 8, 9월에 꽃이 피고 연분홍색은 이질풀, 흰색은 흰이질풀 등으로 구분된다. 10월에 종자가 익으며 7월 하순쯤에 줄기와 잎이 무성하게 자랄 때 베어서 한 번 수확하고 10월초쯤에 한번 더 수확한다. 수확한 풀은 음지에서 말려 보관한다.

용도　종기, 피부병, 산전후통, 대하증, 위궤양, 식중독, 백적리, 지사, 방광염, 건위, 월경 불순, 변비, 위장염 등에 약재로 쓰인다. 또한 어린 병아리에게 이 풀을 넣고 삶은 물을 먹이면 백리병(白痢病), 위장병 등에 걸리지 않고 잘 자라기 때문에 양계업 자들에게 많은 도움을 주고 있다. (왼쪽)

44

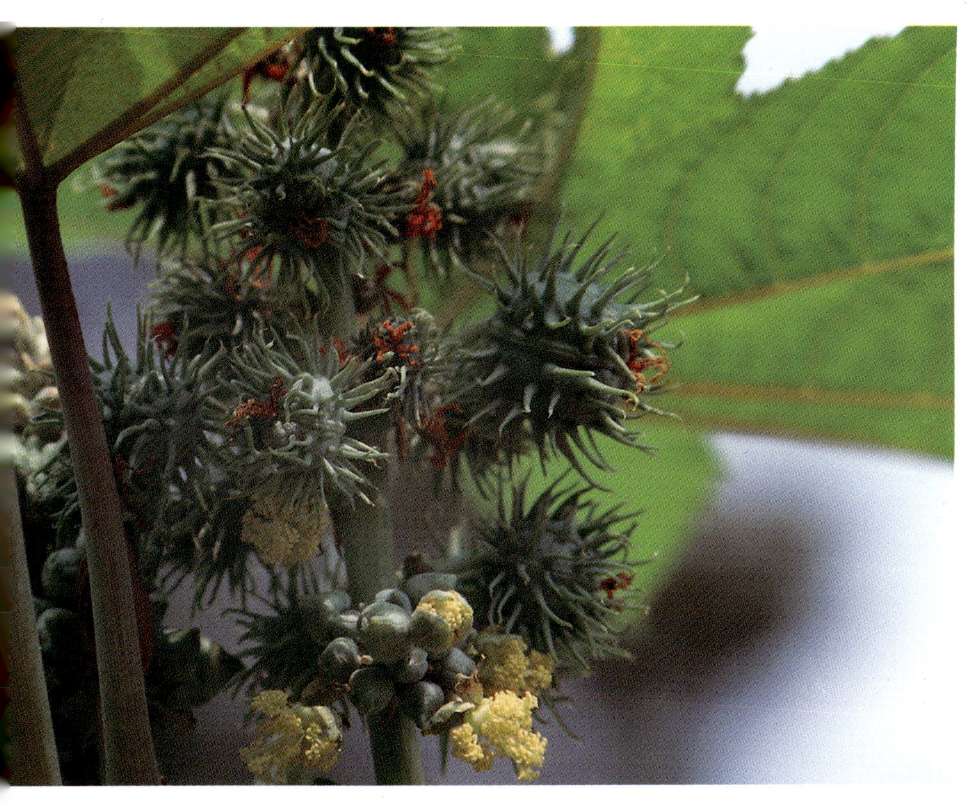

아주까리(蓖麻) Ricinus communis L.

생약명은 피마자(蓖麻子), 피마자유(蓖麻子油)이며 대마자(大麻子), 홍피마(紅蓖麻), 피마주, 피마자기름, 아주까리기름 등의 속명이 있다.

주요 성분 유독성 식물이며 Sitosterol, Castor oil, Ricinine[3], Oleic acid, Dioxyste aricacid Ricinol 등이 함유되어 있다.

생육 조건 대극과의 한해살이풀이다. 전국 각지에서 재식할 수 있으며 특히 배수가 잘 되는 사질 양토에서 잘 자란다. 번식은 종자로 되며 봄인 4, 5월에 콩 심는 것과 같이 직접 파종한다. 2미터의 높이로 자라며 8, 9월에 황색으로 꽃이 피고 10월에 종자가 익는다.

용도 식용, 공업용, 약용 등에 쓰인다. 잎은 말려 삶아서 물에 담갔다가 식용하고 근경(根莖)은 약용 및 공업용으로 윤활유, 인쇄 잉크, 포머드, 도장밥 등의 원료로 쓰이며 종자 및 근경은 완하약(緩下藥) 등으로 쓰인다. 상습 변비, 식중독, 급성 위장염, 설사, 소아 소화불량, 복막염, 종독 등에는 근경이 사용되고, 지혈, 맹장염, 풍습, 변독 등에는 잎이 사용되는데 여러 가지 부종, 종독, 피부병 등에 쓰인다. (오른쪽)

붉나무(五倍子樹) Rhus javanica L.

생약명은 오배자(五倍子)이며 오배자목(五倍子木), 북나무, 오배자나무, 오배자, 굴나무(경상 지방), 뿔나무(강원 지방), 불나무(전남 지방) 등의 속명이 있다. 이 밖에 지역에 따라 다르게 부르며 나무의 어린순에 벌레(蚜虫)가 기생하면서 생기는 주머니 같은 벌레집(虫癭)을 오배자라 하여 약재로 쓰인다.

주요 성분 유독성 식물이며 penta-m-digalloul-B-d-glucose, Gallotannin, m-Digallic acid 등이 함유되어 있다.

생육 조건 전국의 산야지에 흔히 자라는 옻과의 낙엽 관목이다. 특히 산골짝 중복 이상의 능선에 서북 방향으로 오배자가 많이 생긴다고 한다. 번식은 분주법(分株法)으로 되며 종자의 파종법으로도 되나 어렵다. 3미터의 높이로 자라며 7, 8월에 작은 백색꽃이 모여 피며 10월에 종자가 익는다. 수확은 5, 6월에 생긴 벌레집이 점점 커져 9, 10월에 벌레가 날아가기 전의 벌레집을 따서 햇볕에 말려 보관한다.

용도 공업용, 관상용, 약용 등에 쓰인다. 공업용으로는 염료, 유피, 어망, 잉크 등의 원료로 쓰이며 약용으로는 지사약(止瀉藥) 등으로 사용된다. 설사, 출혈, 충혈, 수렴제, 해독, 지사 등에 약재로 쓰인다.

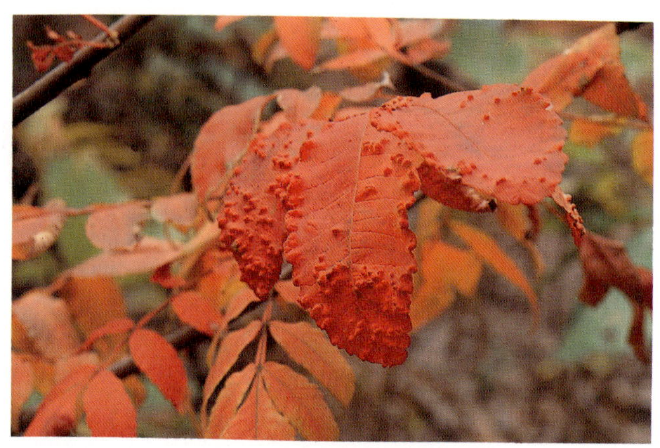

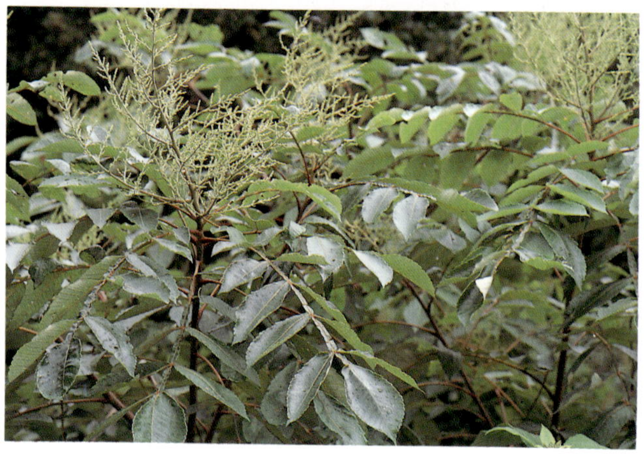

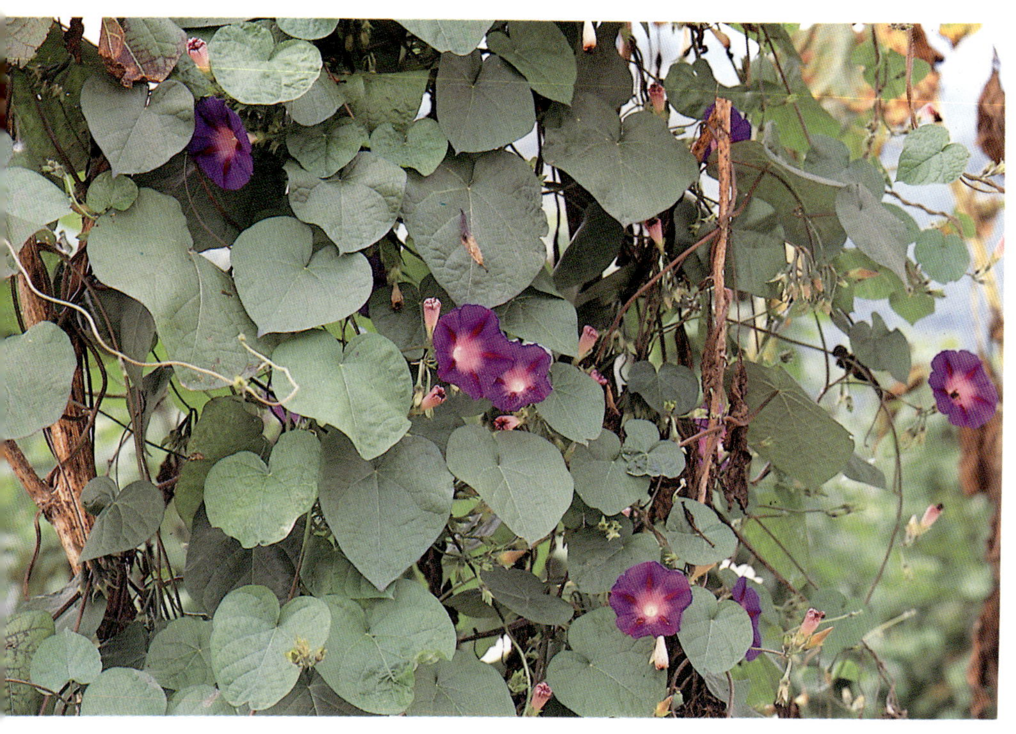

나팔꽃(牽牛)　　*Pharbitis nil chois var. japonica Hara.*

　생약명은 견우자(牽牛子), 백축(白丑), 흑축(黑丑)이며 견우화(牽牛花), 견우랑(牽牛郎), 흑백축(黑白丑), 털잎 나팔꽃, 나팔꽃씨, 남우화(南牛花) 등의 속명이 있고, 이 밖에 지역에 따라 다른 이름이 있다. 이 풀의 종자를 흑축 혹은 백축이라 하여 약재로 쓰인다.

　주요 성분　pharbitin, pelargonin, 7-methylcumarone, 8-azaguanine Dendrol acid 등이 함유되어 있다.

　생육 조건　중국이 원산지인 재식 식물로 관상용으로 흔히 심고 있는 메꽃과의 한해살이덩굴풀이다. 이 풀은 매우 강인한 풀로서 우리나라 각지에 잘 자란다. 인가 주변의 유휴지 또는 자갈밭 같은 배수가 잘 되는 곳에 심고 지주목을 세워 주면 더욱 좋다. 번식은 종자로 번식되며 3미터의 길이로 뻗어 나가고 7, 8월에 꽃이 홍색, 보라색, 담자색 등 여러 가지 색으로 핀다. 이 꽃은 새벽 일찍 피어나서 아침에 해가 뜨면 곧 오므라든다. 9월부터 종자가 익는다.

　용도　관상용, 약용 등에 쓰이며 완하약(緩下藥) 등으로 사용한다. 부종, 수종, 이뇨, 낙태, 요통, 각기, 태독, 풍종 등에 약재로 쓰인다.

참마(山藥)　Dioscorea japonica Thunb.

　생약명은 생산약(生山藥), 증산약(蒸山藥)이며 야산약(野山藥), 망서(忘薯), 마, 산마, 산약 등의 속명이 있고 이 밖에 지역에 따라 다른 이름이 있는 덩굴풀이다. 이 풀의 뿌리 괴근(塊根)을 그냥 말린 것을 생산약, 솥에 쪄서 말린 것을 증산약이라 하여 약재로 쓰인다.

　주요 성분　Mucine, Arginine, choline, Diastase, Yonogenin, Korgenin, Sapogenin 등이 함유되어 있다.(왼쪽, 오른쪽, 50, 51쪽)

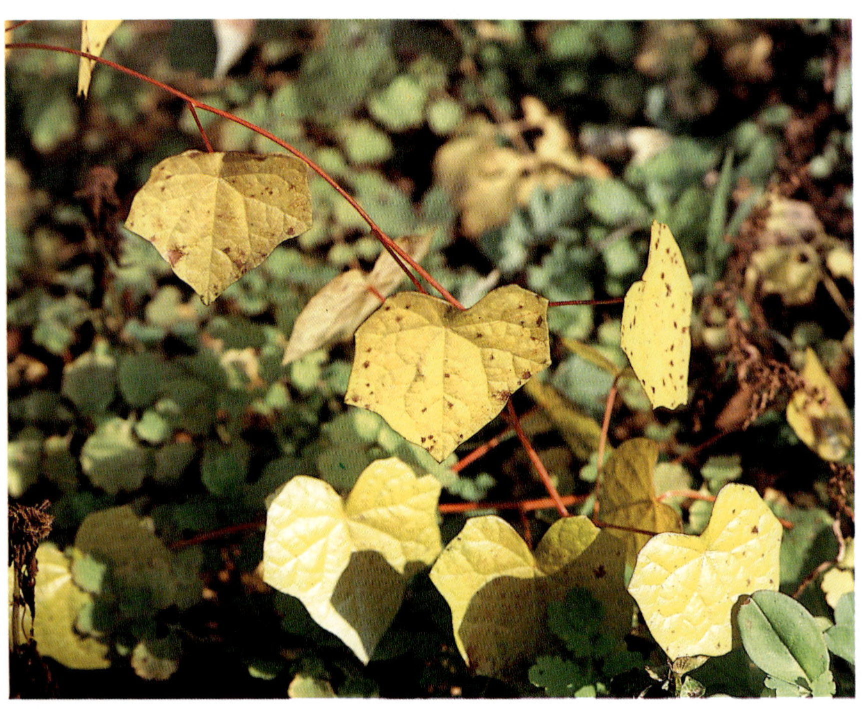

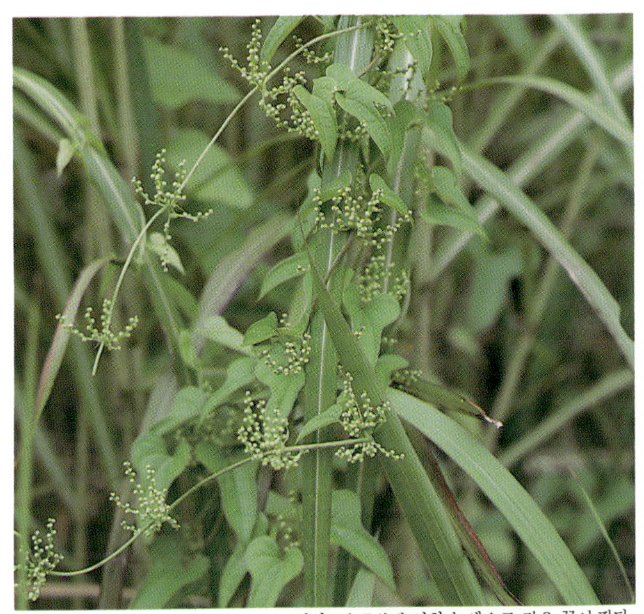

참마 6, 7월에 연한 녹색으로 작은 꽃이 핀다.

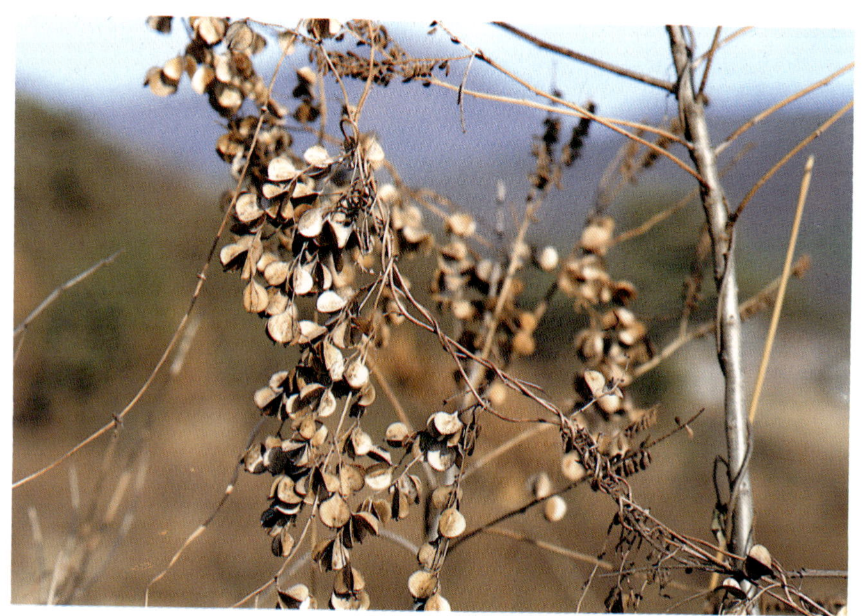

참마

생육 조건 전국의 산야지에 흔히 자라는 숙근성 덩굴풀이며 마과의 여러해살이풀이다. 표토가 깊은 사질 양토가 적당하며 뿌리가 굵게 자란다. 인가 부근의 유휴지에 심으면 좋은 풀이다. 2미터 이상의 길이로 뻗어 나가고 6, 7월에 연한 녹색으로 작은 꽃이 모여 피며 10월에 열매가 익는다. 번식은 뿌리로 하며 7, 8월에 잎, 줄기에 매달린 영여자(零余子), 주아(株芽)로 번식된다. 이것을 채집하여 바로 심기도 하고 한 곳에다 모은 영여자를 얼지 않게 묻어 두었다가 봄에 심어도 되는데 이 방법이 안전하다. 또한 뿌리 번식은 가을 수확기에 굵은 것은 약재로 쓰고 잔뿌리를 다시 심는

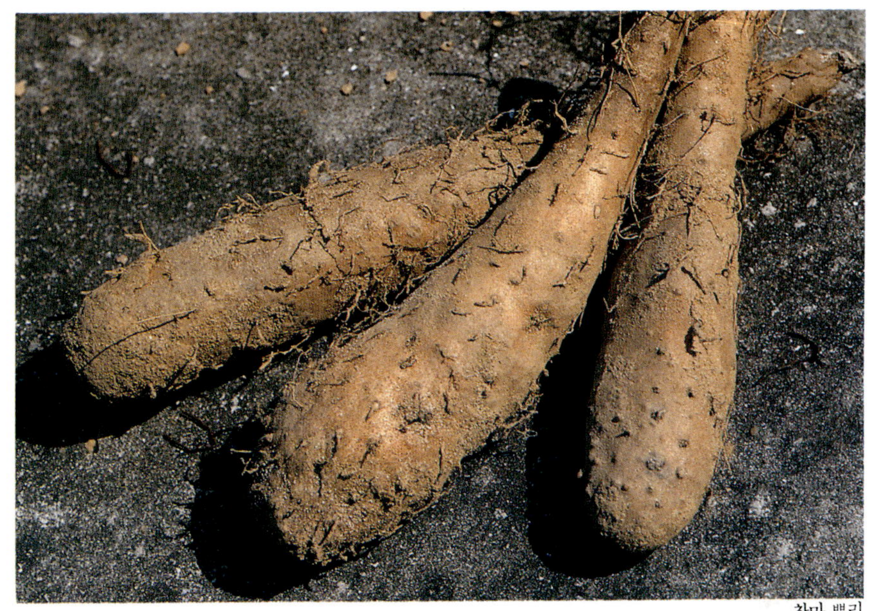

참마 뿌리

다. 그래야 이듬해 굵은 뿌리를 수확할 수 있다. 영여자는 2, 3년 뒤에야 굵은 뿌리를
수확할 수 있다. 남부 지방은 2년만에 굵은 뿌리를 수확할 수 있다. 수확은 늦가을
서리가 내릴 즈음 땅이 얼기 전에 곁뿌리를 다치지 않게 캐어 껍질을 벗기고 날 것으
로 혹은 살짝 솥에 쪄서 햇볕이나 온돌 등에 건조시켜 보관한다.

용도   식용, 관상용, 약용 등에 쓰이며 대개 강장약 등에 사용된다. 요통, 건위 강장,
동상, 화상, 유종, 양모, 갑상선종, 심장염, 지사, 몽정, 해독, 종독, 거담 등의 약재로
쓰인다. (48, 49쪽, 왼쪽, 오른쪽)

초용담(草龍膽) Gentiana Scabra Bunge. var. buergeri Max.

생약명은 초용담(草龍膽)이며 용담(龍膽), 추룡담, 룡담, 초용담, 거친과남풀, 가는과남
풀 등의 속명이 있고, 이 밖에 지역에 따라 다른 이름이 있다. 뿌리를 초용담(草龍膽)
이라 하여 약재로 쓰인다.

주요 성분 Genticin, Swertianol, 겐치오 피크린 등이 함유되어 있다.

생육 조건 우리나라 거의 전국적으로 자라는 용담과의 여러해살이풀로 중부 지방
이나 남부 지방 등 모두 재식이 가능하다. 토질은 점질 양토(粘質壤土) 및 식질 양토
(埴質壤土)로서 습기가 약간 있는 곳에 더 잘 자란다. 번식은 종자 파종법과 분주법이
있다. 종자는 늦가을 11월에 채집하여 바로 심는다(오래 보관하면 발아하지 않는
다). 야생풀들은 대개 발아율이 좋지 못한 것들이 많다. 이 풀도 그 종에 속하므로
뿌리를 캐어 눈(芽)을 2, 3개씩 두고 나누어 심으면 잘 자란다. 60센티미터의 높이로
자라며 여름에는 건조함을 막아 주어야 한다. 8월에서 10월 사이에 종(鍾) 모양의
보라색 꽃으로 하늘을 향하여 피며 11월에 종자가 익는다. 수확은 정식한 뒤 1년만에
캐는 것이 적당하다. 캐낸 뿌리를 물에 씻어서 햇볕에 말려 보관한다.

용도 관상용, 약용 등에 쓰이며 대개는 고미 건위약(苦味健胃藥) 등으로 사용한다.
건위, 설사, 계소, 간질, 경풍, 회충, 심장염, 습진 등에 약재로 쓰인다. (왼쪽)

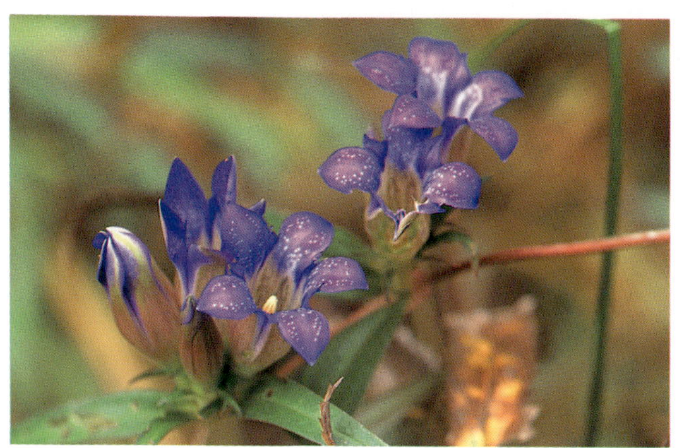

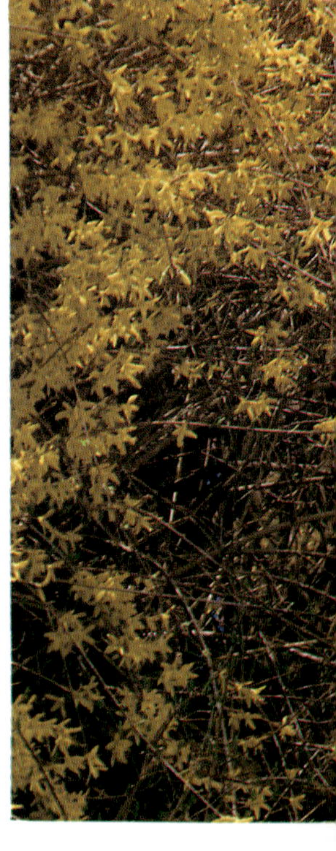

개나리(辛黃花) Forsythia Koreana Nakai.

생약명은 연교(連翹)이며 망춘(望春), 개나리꽃나무, 신리화, 개나리나무, 금강방울개나리 등의 속명이 있다. 이 밖에 지역에 따라 다른 이름이 있으며 이 나무의 열매를 조제한 것을 연교라 하여 약재로 쓰인다.

주요 성분 오레아놀산, Ursolic acid 등이 함유되어 있다.

생육 조건 한국 특산 식물이며 전국의 인가 주변에 많이 심고 있는 물푸레과의 낙엽 관목이다. 번식은 분주법과 삽목법이 있는데 분주법도 좋지만 삽목을 하면 잘 자란다. 이른봄 꽃이 피기 전에 가지를 3, 4마디로 잘라서 모래를 섞은 묘판에 비스듬히 꽂아 건조하지 않게 해준다. 그 해 가을이나 이듬해 봄에 정식하면 잘 자란다. 2미터의 높이로 자라며 정식한 뒤 2, 3년 뒤 4월에 황색으로 꽃이 피고 6월에서 8월 사이에 열매가 익는다. 딴 열매는 수증기에 쪄서 햇볕에 말려 보관한다.

용도 관상용, 약용 등에 쓰이며 대개 종독(腫毒) 등의 약으로 사용된다. 종창, 임질, 통경, 이뇨, 치질, 결핵, 옴, 피부병, 중이염, 신염 등에 약재로 쓰인다.(오른쪽)

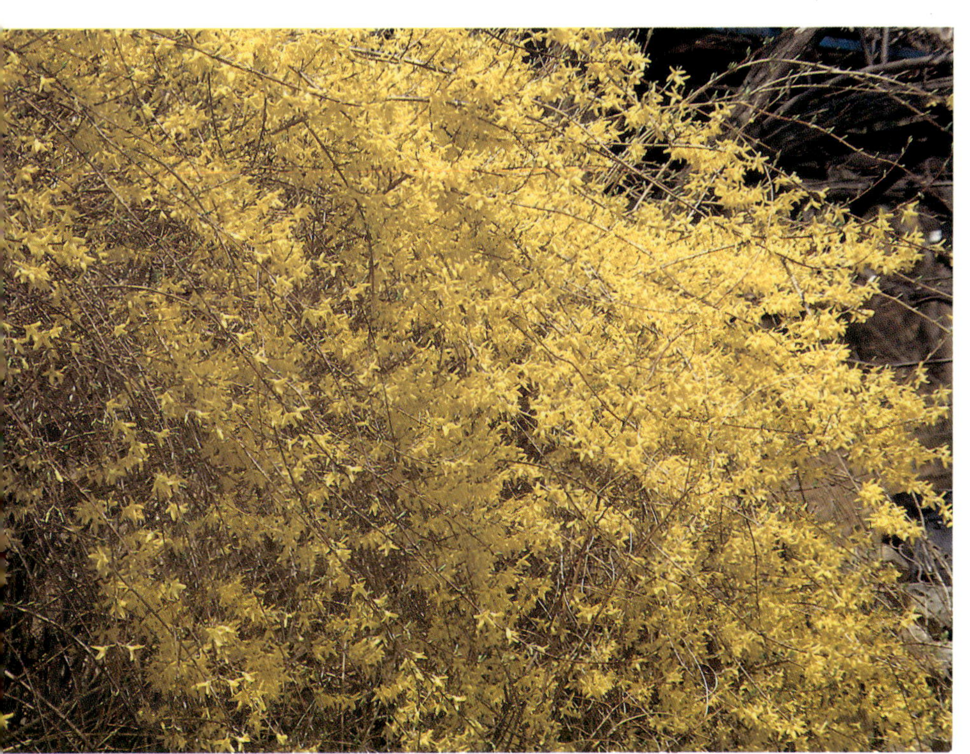

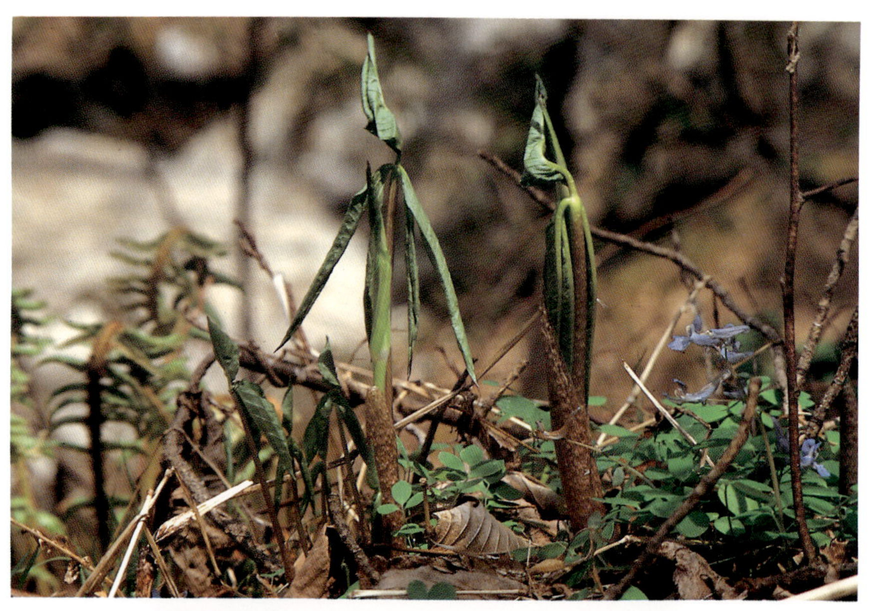

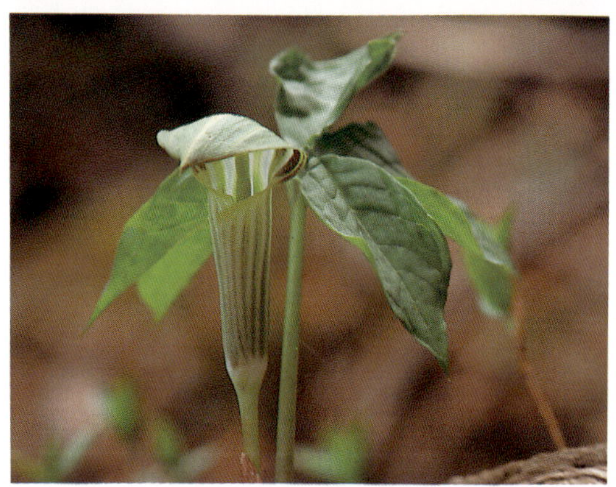

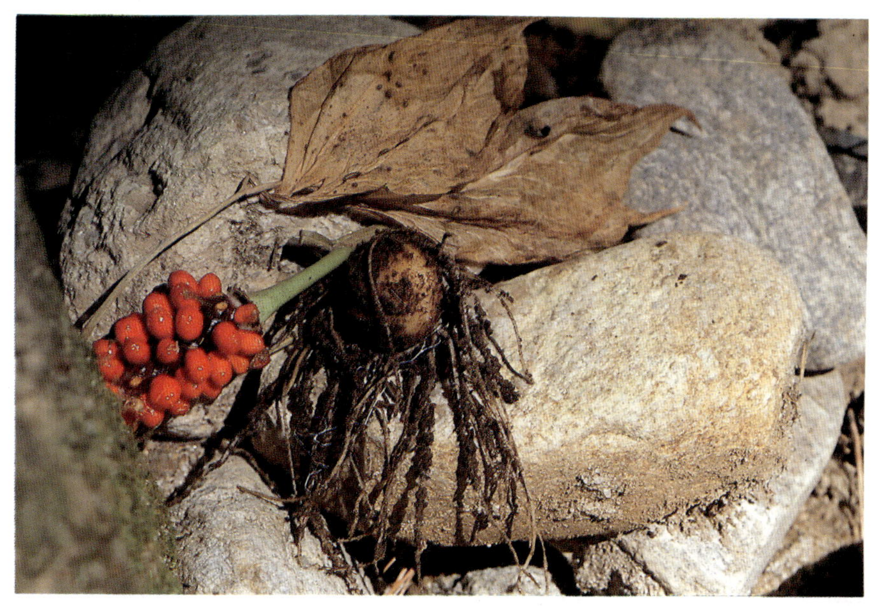

천남성(天南星)　Arisaema amurense Max. Var. serratum Nakai.

　생약명은 천남성이며 사두초(蛇頭草), 독족련(獨足蓮), 독각련(讀脚蓮), 천남생이, 늘메기천남성, 둥근잎천남성, 점박이천남성 등의 속명이 있다. 이 밖에 여러 종이 있으나 거의 비슷한 성분을 가지고 있으며 거의 같은 이름으로 불리는 풀이다. 이 풀의 구근(球根)을 조제한 것을 천남성이라 하여 약재로 쓰인다.

　주요 성분　유독성 식물이며 Saponine 등이 함유되어 있다.

　생육 조건　전국의 산지, 수림이 우거진 약간 습한 곳에 흔히 자라는 천남성과의 여러해살이풀이다. 인가 주변의 그늘진 밭이나 야산지 속에 심으면 잘 자라며 사질 양토에 잘 자란다. 가을(10월)에 작은 옥수수같은 종자가 붉게 익는다. 이때 채집하여 바로 묘판이나 땅에 심는다. 묘판에 심을 경우 흙을 2, 3센티미터 덮고 그 위에 볏짚 등을 덮어 준 뒤 봄 5월이 되면 싹이 올라오고 커지면 밭에 정식한다. 50센티미터의 높이로 자라며 6, 7월에 연한 녹색의 둥글고 긴 통꽃으로 핀다. 수확은 가을 10, 11월에 뿌리 구경(球莖)을 캐어내 물에 씻고 양파를 자르듯 고르게 잘라서 햇볕에 말려 종이 봉지 등에 보관한다.

　용도　관상용, 약용 등에 쓰이며 거담(祛痰) 등의 약으로 사용한다. 민간 요법에서도 종기 등에 많이 사용하는 풀이기도 하다. 해소, 거담, 상한, 파상풍, 창종, 구토, 간질, 진경 등의 약재로 쓰인다. (왼쪽 위, 아래, 오른쪽)

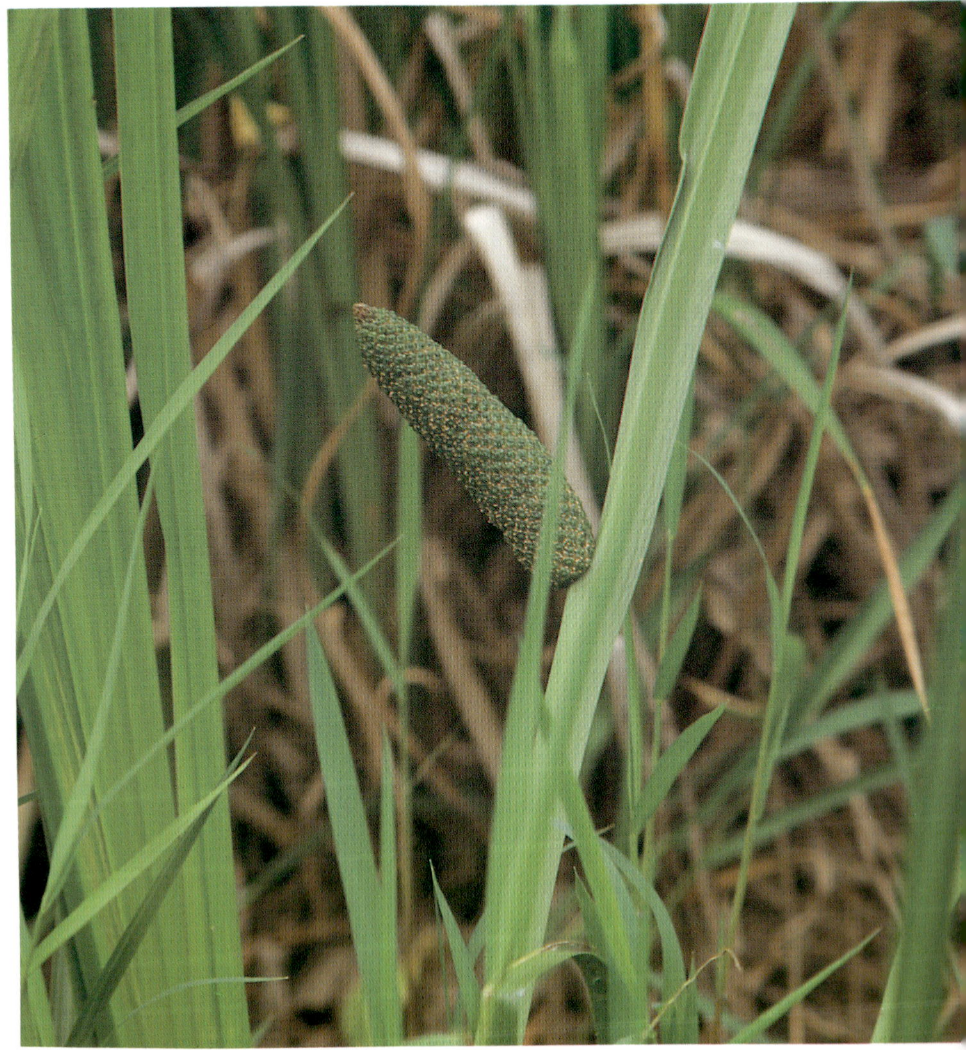

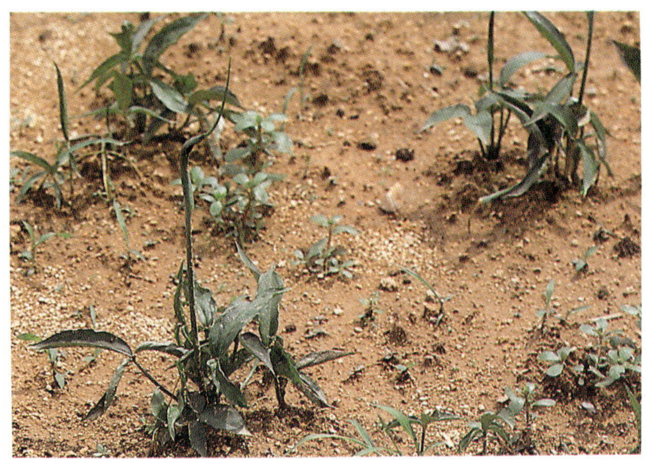

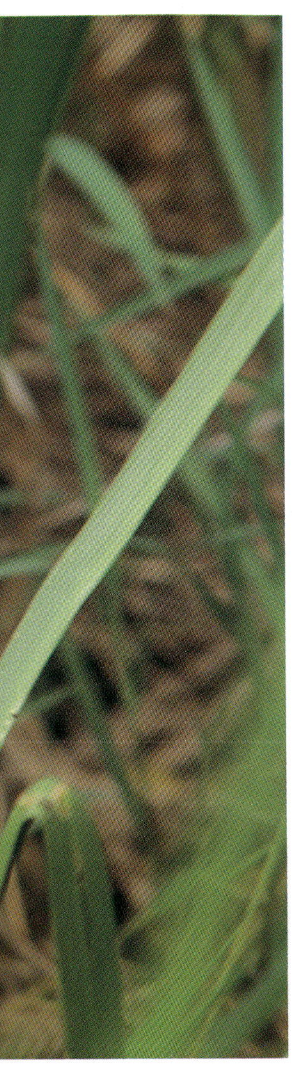

반하(半夏)　Pinellia ternata Tenore.

생약명은 반하이며 게무릇, 법반하(法半夏), 천마우(天麻芋), 주자반하(珠子半夏), 삼엽반하(三葉半夏), 전리성(田里星), 천심채(天心菜), 지자고(地慈姑), 반히, 메누리목쟁이, 꿩의무릇, 땅구슬, 꿩의밥, 반하뿌리, 끼무릇덩이뿌리 등의 속명이 있다. 이 풀의 뿌리 괴경(塊莖)을 반하(半夏)라 하여 약재로 쓰인다.

주요 성분　유독성 식물이며 B-sitosterol, Choline fett palmitnsäure I-Delsäure phutosterin, $C_{26}H_{44}tH_2O$ 등이 함유되어 있다.

생육 조건　전국의 야지(野地) 특히 작물을 경작하는 밭에 많이 나는 흔한 풀로 30센티미터의 높이로 자란다. 6, 7월에 가느다란 통꽃으로 길게 뻗으며 핀다. 10월에 육아(肉芽)가 익으며 약용으로 쓰인다.

용도　감기, 구토, 진해, 거담, 졸도, 위장염, 창종, 인후염, 배멀미 등의 약재로도 쓰인다. (위)

석창포(石菖蒲)　Acorus graminens Soland.

생약명은 석창포이며 창(菖), 수창포(水菖蒲) 등의 속명이 있다. 이 풀의 뿌리를 석창포라 하여 약재로 쓴다.

주요 성분　Asarone, palmitic acid 등이 함유되어 있다.

생육 조건　번식은 분근법(分根法)에 의해 되는데 이른봄 새싹이 트기 전에 나누어 심으면 된다. 20에서 50센티미터의 높이로 자라며 6, 7월에 황색으로 작은 꽃이 모여 핀다. 10월에 종자가 익으며 관상용, 약용으로 쓰인다.

용도　고미 건위, 치통, 종창, 구충, 진정, 계소, 안태, 산후 하혈, 태림, 안질, 익정 등 여러 가지의 약재로 쓰인다. 특히 창포유(菖蒲油)는 귀중한 향료로서 그 가치성이 크다.(왼쪽)

잔대(沙參)　　Adenophora triphulla DC. Var. Japonica Hara.

　생약명은 사삼(沙蔘)이며 층층잔대, 남사삼(南沙蔘), 잔대뿌리, 제니, 잔다구, 톱잔대 등의 속명이 있다. 이 밖에 지역에 따라 다른 이름이 있으며 이 풀의 뿌리를 잔대라 하여 약재로 쓰인다.

　주요 성분　kikyosponin, saponin 등이 함유되어 있다.

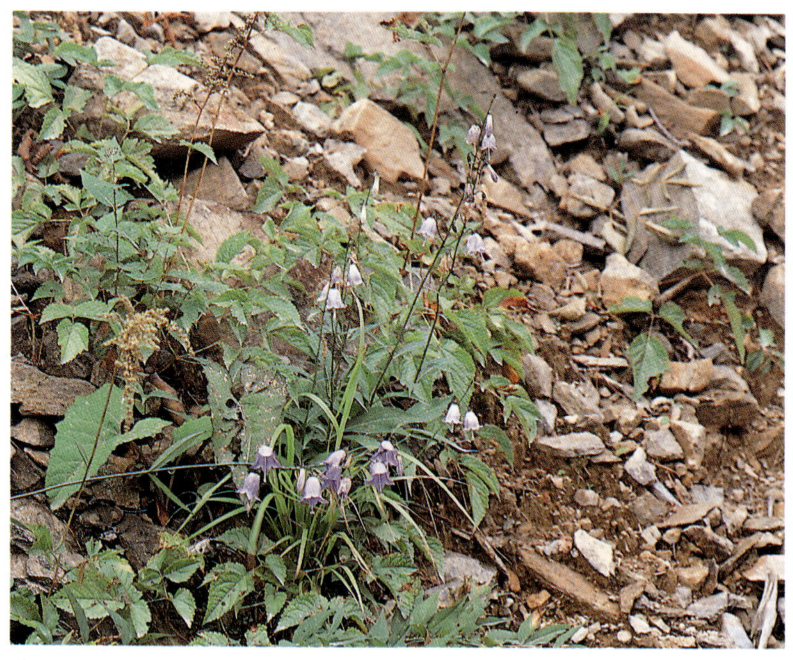

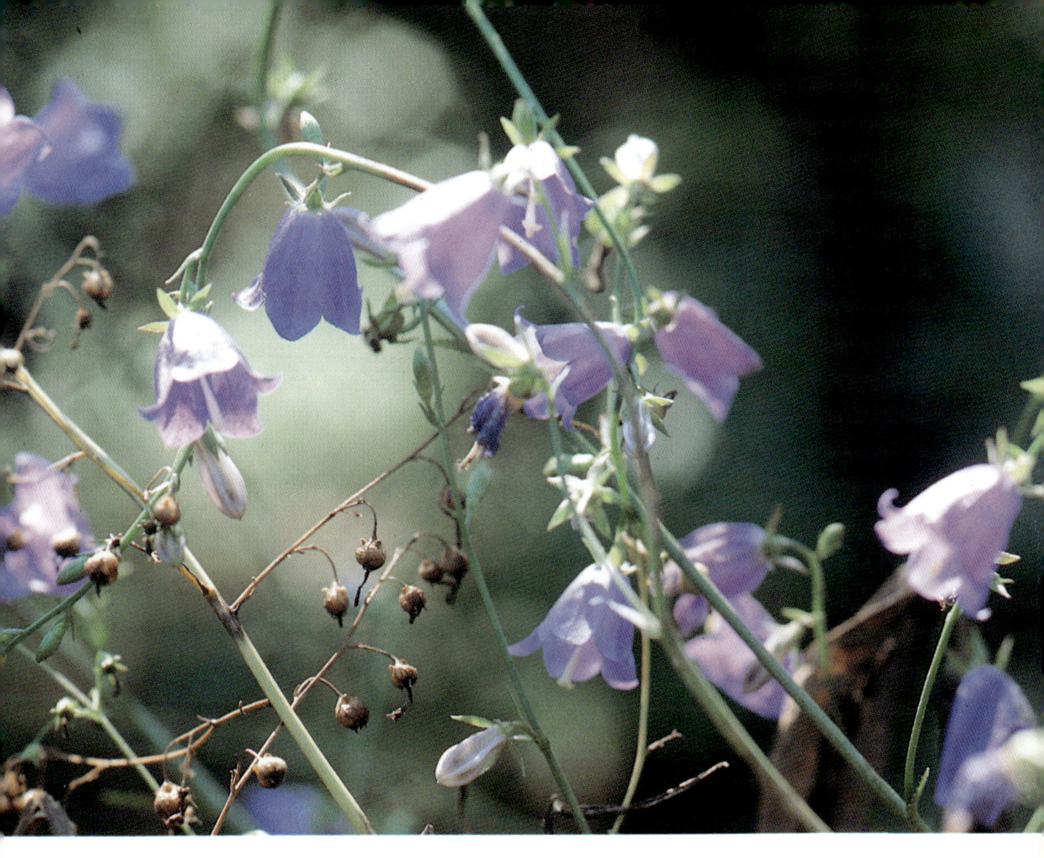

생육 조건　전국의 산야지 및 약초 농가에서 재식도 하는 도라지과의 여러해살이풀
이다. 번식은 종자 파종법으로 가을에 채집하여 흙 속에 보관하였다가 봄에 직접
파종하거나 묘판에 심어 발아하면 3주 뒤에 이식한다. 60에서 120센티미터의 높이로
자라며 7월에서 9월사이에 연한 보라색 또는 담자색 꽃이 줄기에 매달려 핀다. 11
월에 종자가 익는다. 심은 해 가을이나 그 이듬해 봄에 큰 뿌리만 수확하고 잔뿌리는
다시 심어 더 크게 자란 뒤에 수확한다. 캐낸 뿌리는 껍질을 벗기고 햇볕에 말려 보관
한다.
용도　식용, 관상용, 약용 등에 쓰이며 익담기(益膽氣)의 약으로 사용한다. 경기, 하
열, 익담기 등의 약물로 쓰이며 어린잎을 나물로 먹는다. (왼쪽, 오른쪽)

산수유(山茱萸) Cornus officinalis siebet zucc.

생약명은 산수유이며 수유(茱萸), 산채황(山菜黃), 산채육(山菜肉), 산수유나무 등의 속명이 있다. 생약명이나 식물명을 같이 불리는 나무로 과실(果實)을 조제한 것을 산수유 또는 산수육(山茱肉)이라 하여 약재로 쓰인다.

주요 성분 몰식자산(沒食子酸), 사과산(林擒酸) 등 유기산(有幾酸) 등이 함유되어 있다. (왼쪽, 오른쪽, 62, 63, 64, 65쪽)

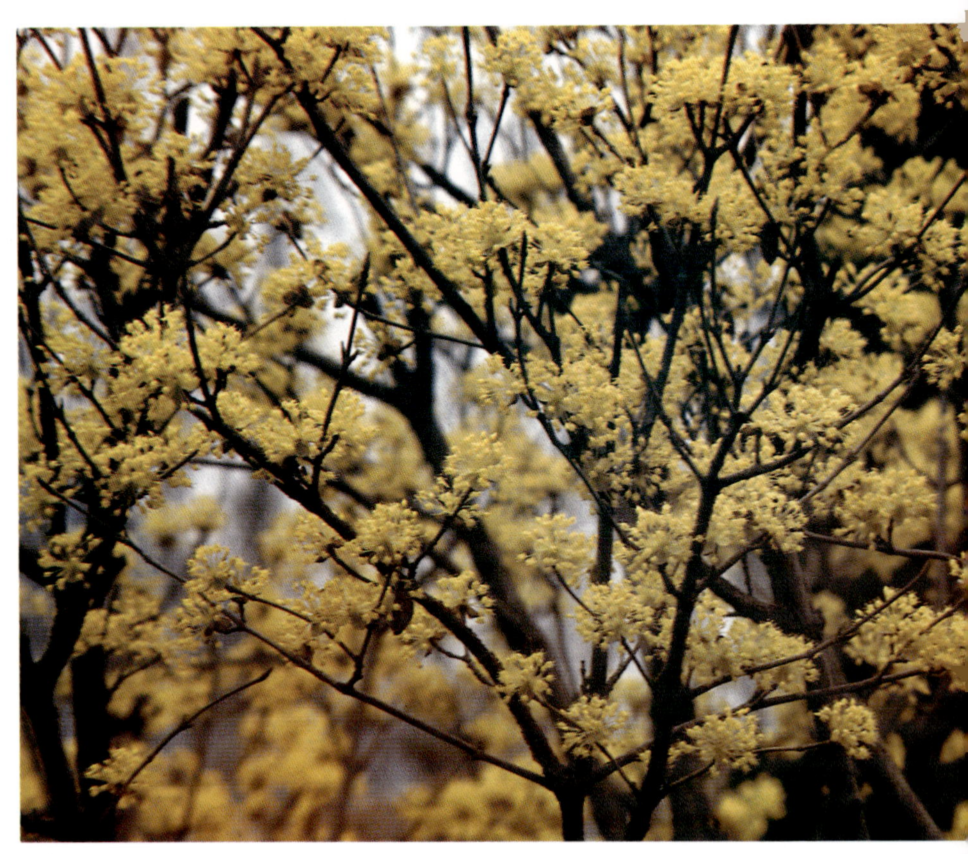

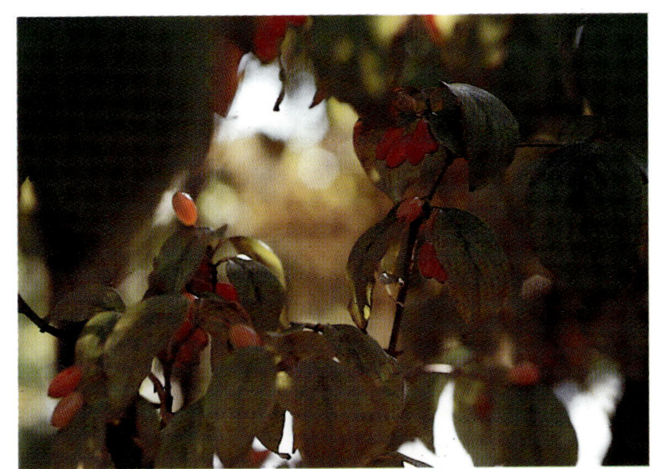

산수유 열매

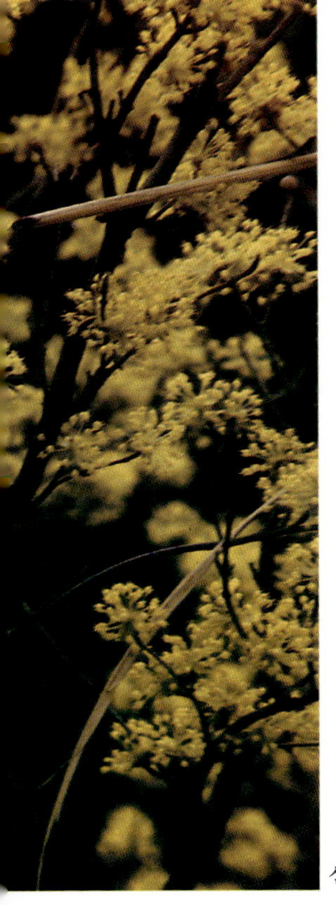

산수유 꽃

생육 조건 중국이 원산이며 우리나라에 오래 전에 들어와 이천, 봉화, 구례, 하동 등 비교적 따뜻한 중부와 남부 지방의 농가 및 정원 등에 심어진 산수유과의 낙엽 교목이다. 번식은 종자로 번식되는데 늦가을 10, 11월에 파종하여 묘판에서 1년을 자란 뒤 이듬해 봄에 일반 나무를 심는 것 같이 심는다. 10미터의 높이로 자라며 3, 4월에 황색으로 작은 꽃이 모여 핀다. 9, 10월에 열매가 익는다. 수확은 심은 뒤 7, 8년이 지나면 꽃이 피기 시작하고 열매가 열린다. 열매가 붉게 익으면 따서 속에

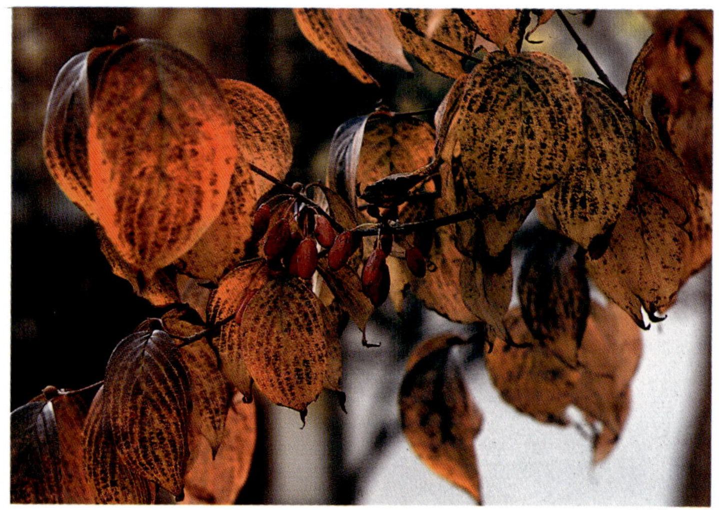

산수유 열매

든 씨를 없애고 햇볕에 말려 보관한다.

용도 예전에는 이 나무를 '대학나무'라는 별칭이 있을 정도로 이 나무 몇 그루만
있으면 아들을 대학에 보낼 수 있을 정도로 경제성이 좋았던 나무이다. 큰 나무는
수확이 많으며 약재나 일반 수요가 대단히 많은 종이다. 식용, 관상용, 약용 등에
쓰이며 강정약(強精藥)으로 사용한다. 월경 과다, 보익, 음위, 수험, 조경, 다뇨, 두풍,
신경 쇠약 등의 약재로 쓰이며 과실로 산수유주(山茱萸酒)를 만들어 먹기도 한다.

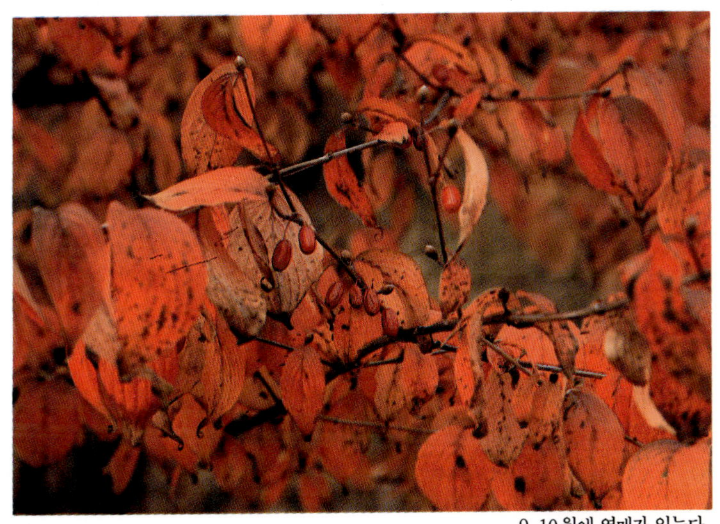

9, 10월에 열매가 익는다.

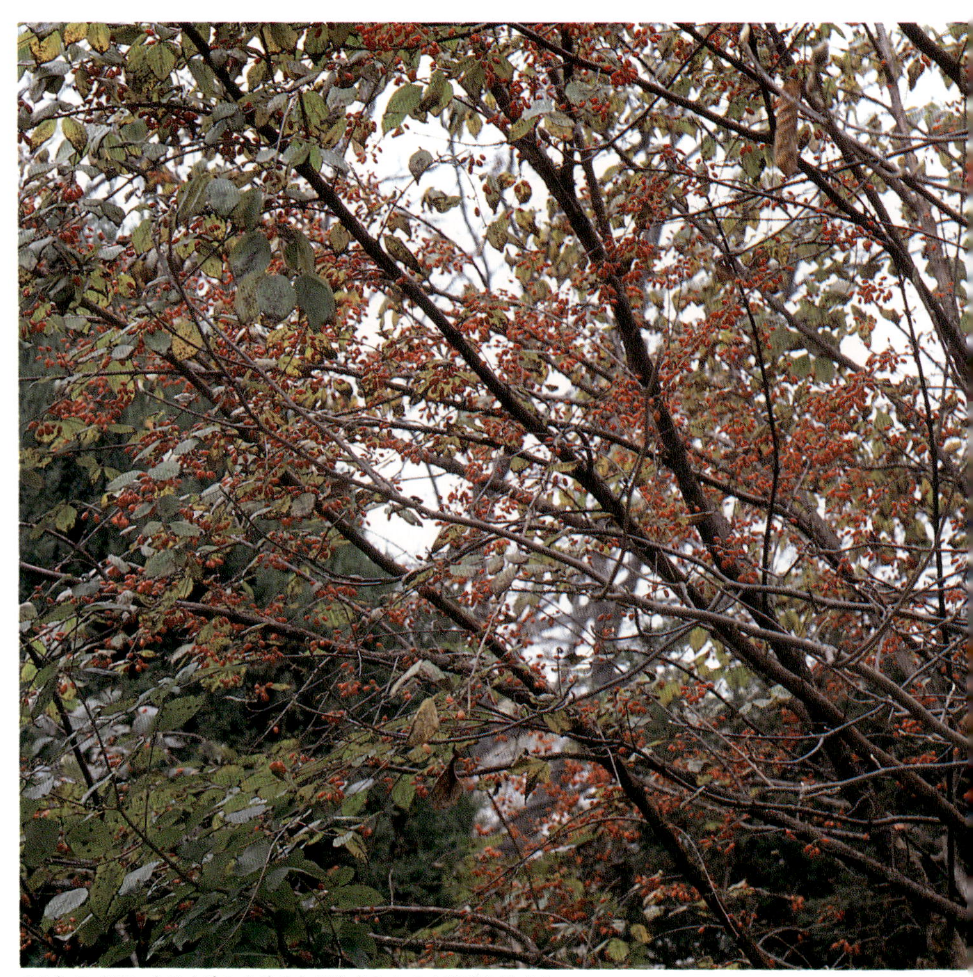

산수유 큰 나무는 수확이 많으며 약재나 일반 수요가 대단히 많은 종이다.

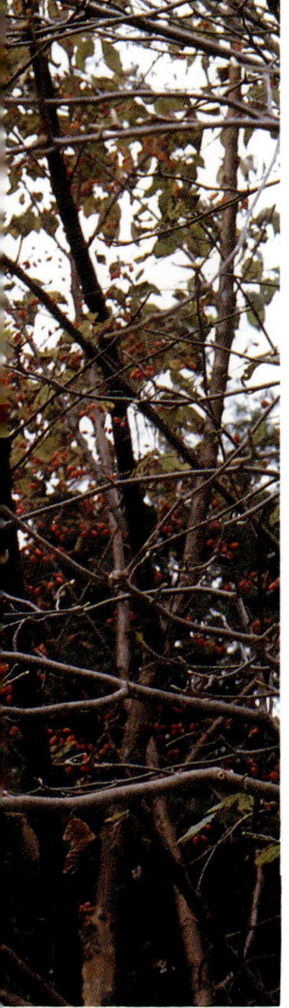

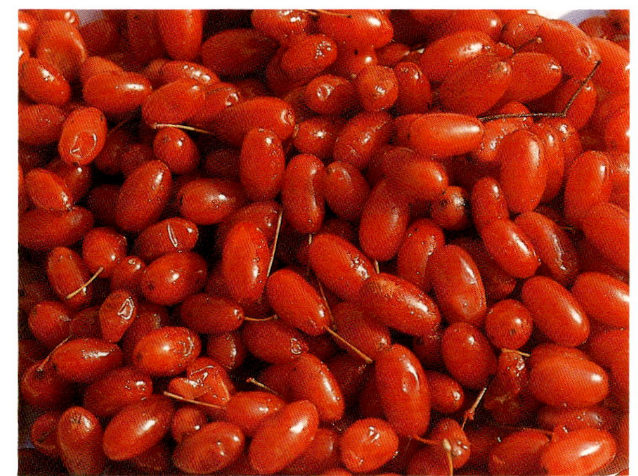

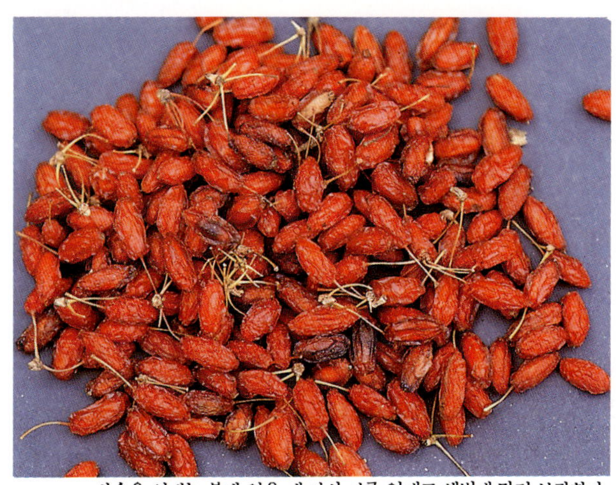

산수유 열매는 붉게 익을 때 따서 씨를 없애고 햇빛에 말려 보관한다.

황금(黃芩) Scutellaria baicalensis Georg.

생약명은 황금이며 향수수초(香水水草), 황금채(黃芩菜), 토금다근(土金茶根), 황금다
(黃芩茶), 속썩은풀, 황금초, 골무꽃 등의 속명이 있다. 이 밖에 지역에 따라 다른 이름
이 있으며 이 풀의 뿌리를 조제한 것을 황금이라 하여 약재로 쓰인다.

주요 성분 Baicalein, Wogonin, scutellarein, Glucuronic acid 등이 함유되어 있다.

생육 조건 중국 북부 지방이 원산지이며 전국의 어디든지 잘 자라며 약용 식물로
들어와 약초 농가에서 재식도 하는 꿀풀과의 여러해살이풀이다. 번식은 종자로 되며
가을 10월에 발육 상태가 좋은 줄기에서 채집하여 직접 파종한다. 100센티미터의
높이로 자라며 7월에서 9월에 짐승의 입 모양같이 자색 꽃이 여러 개 어울려서 피며
10월에 종자가 익는다. 수확은 심은 해 가을에 할 수 있지만 다음해에 하는 것이 좋다.

용도 식용, 공업용, 밀원용, 관상용, 약용 등에 쓰이며 해열(解熱), 진해(鎭咳), 건위
(健胃) 등에 약재로 사용한다.

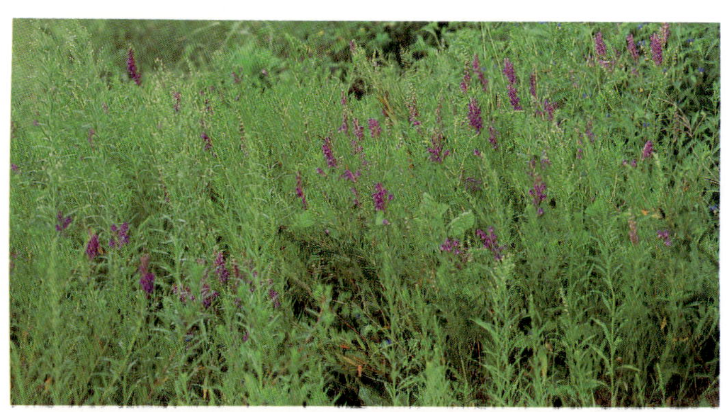

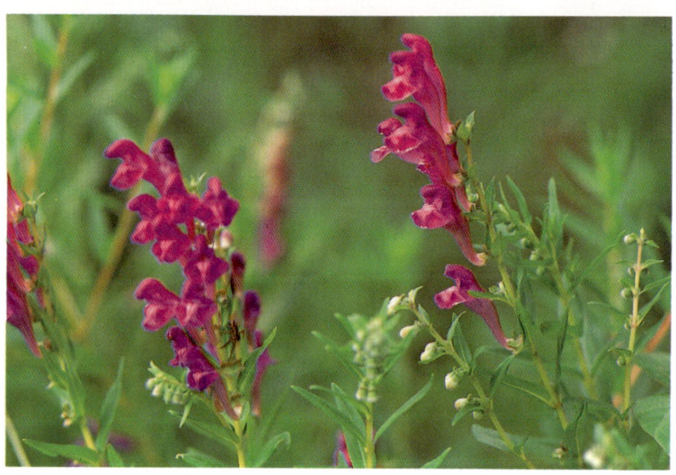

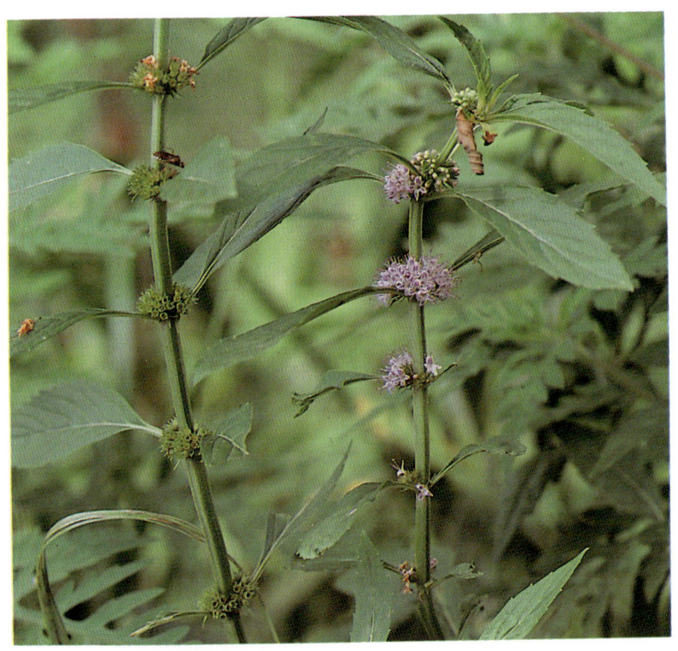

박하(薄荷)　Mentha canadensis L. Var. piperascens Hara.

　생약명은 박하, 박하유(薄荷油), 박하뇌(薄荷腦)이며 구박하(歐薄荷), 번하채(蕃荷菜), 야인단초(野仁丹草), 인단초(仁丹草), 남박하(南薄荷), 야식향(夜息香), 토박하(土薄荷), 어향초(魚香草), 어향채(魚香菜), 야박하(夜薄荷) 등의 속명이 있다. 이 밖에 지역에 따라 다른 이름이 있으며 이 풀의 잎을 따서 조제한 것을 박하라 한다.

주요 성분　방향성(芳香性) 식물이며 Tetrabuclrothumol, Momo-chlorthum, phosphorsa uresnatrium 등 여러 가지의 성분이 함유되어 있다. 전체의 성분 가운데 1퍼센트가 박하유인데 그 가운데 9퍼센트가 박하뇌이며 그 밖에 여러 가지가 함유되어 있다.

생육 조건　우리나라 중부 및 남부 지방의 산야지, 습지 등 약초 농가에서 재식하는 꿀풀과의 여러해살이풀이다. 몇 가지의 품종이 있으나 그 가운데 적경 환엽종(赤莖丸葉種)으로 줄기가 약간 붉은 빛이 도는 것을 말한다. 이 종은 미국이나 일본 등지에서 개량되어 나온 것들로 수확량이 우수한 것이다. 번식은 분근법, 삽목법, 파종법으로 다양하게 되며 수확도 1년에 3회 정도 수확한다. 60센티미터의 높이로 자라며 7월에서 9월에 연한 자주색으로 작은 꽃이 모여 피고 9, 10월에 종자가 익는다.

용도　식용, 공업용, 밀원용, 약용 등에 쓰이며 정장 발한약(整腸發汗藥) 등으로 사용한다. 혈리, 구토, 소화, 타박상, 지사, 지혈, 비염, 진통, 풍열, 결핵, 십이지장구충제, 방부제, 치통, 편두통 등의 약재로 쓰이며 전초(全草)는 수증기로 증류(蒸溜)하여 박하유와 박하뇌를 제조한다. 이것들은 방향성 교미(芳香性橋味), 교취(矯臭), 건위 등으로 쓰이며 과자나 치약 등의 향료로 많이 사용된다. 또한 외용 청량제(外用清涼劑) 등에도 쓰인다.

독말풀(曼陀羅華) Datura tatula L(흰독말풀), Datura stramonium L.

생약명은 만다라화(曼陀羅華)이며 만다라, 취심화(醉心花), 향만다라화(香曼陀羅華), 백화만다라(白花曼陀羅), 취마자(臭麻子), 야마자(野麻子), 취선도(臭仙桃), 양총마(洋葱麻), 양금화(洋金花), 만다라자(曼陀羅子), 독말, 다투라잎, 만다라잎, 과부꽃 등의 속명이 있다. 이 밖에 지역에 따라 다른 이름이 있으며 오래 전 우리나라에 귀화된 인도 원산, 열대 아메리카 원산 등 여러 종이 있다. 이 풀의 잎과 종자를 만다라화라 하며 약재로 쓰인다.

주요 성분 유독성 식물이며 Hyoscuamine, Scopolamin, Atropine, HYoscine, Scopolin KN_3O 등이 함유되어 있다.

생육 조건 원래 열대 지방의 식물로 더운 곳을 좋아하는 가지과의 한해살이풀이다. 여름철을 이용하여 각 지방에서 재배할 수 있다. 토질은 배수가 잘 되고 볕이

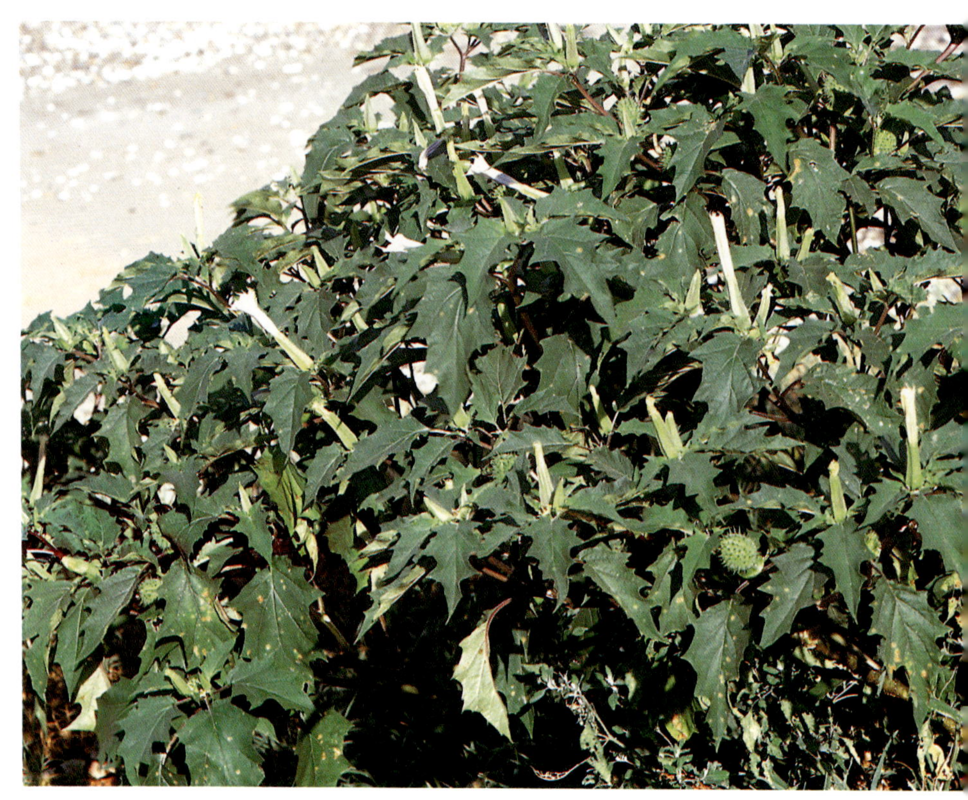

잘 드는 사질 양토가 적당하다. 너무 비옥한 땅이면 경엽만 무성하여 종자가 많이
열리지 않으며 산비탈의 약간 척박한 밭에 적당한 거름을 하면 열매가 많이 열린다.
번식은 대개 봄에 밭에다 직접 파종하며 묘포장에 육묘하여도 된다. 1, 2미터의 높이
로 자라며 6에서 8월 사이에 꽃이 피는데 자색꽃이 피는 것은 아메리카산이며 백색
꽃이 피는 것은 인도산이며 낮에는 오므라들고 밤에 꽃이 핀다. 그래서 과부꽃이라
부르기도 한다. 9, 10월에 가시가 많이 난 둥근 열매가 익는다. 이때 열매를 잘라서
햇볕에 말리면 벌어지면서 흑색인 종자가 나온다. 종자를 모아 햇볕에 말려 보관한
다. 잎을 수확할 경우 꽃이 피면 뿌리에 가까운 잎부터 따기 시작하여 9월까지 핀
다. 좋은 잎만 골라 햇볕에 말리거나 음지에 말려 썩지 않게 보관한다.
용도　관상용, 밀원용, 약용으로 쓰이며 진통(鎭痛), 진해약(鎭咳藥) 등으로 사용한
다. 천식, 히스테리, 마취, 진통, 탈홍, 각기, 경풍, 간질, 진정, 뇌병, 진경, 진해 등에
약재로 사용한다. (왼쪽, 오른쪽)

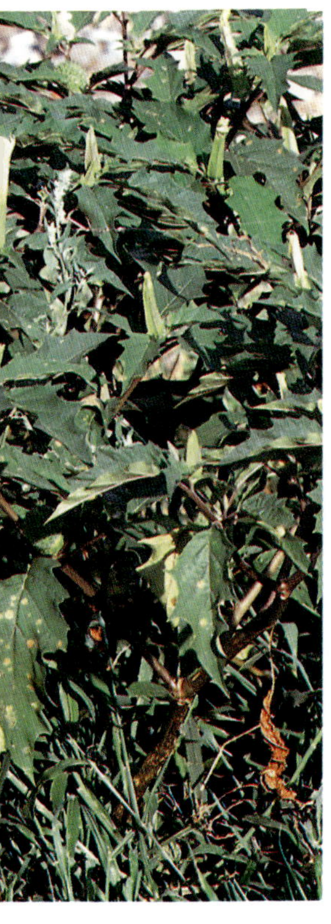

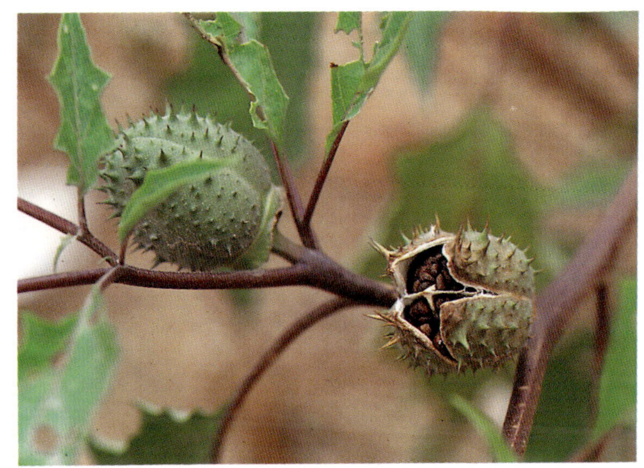

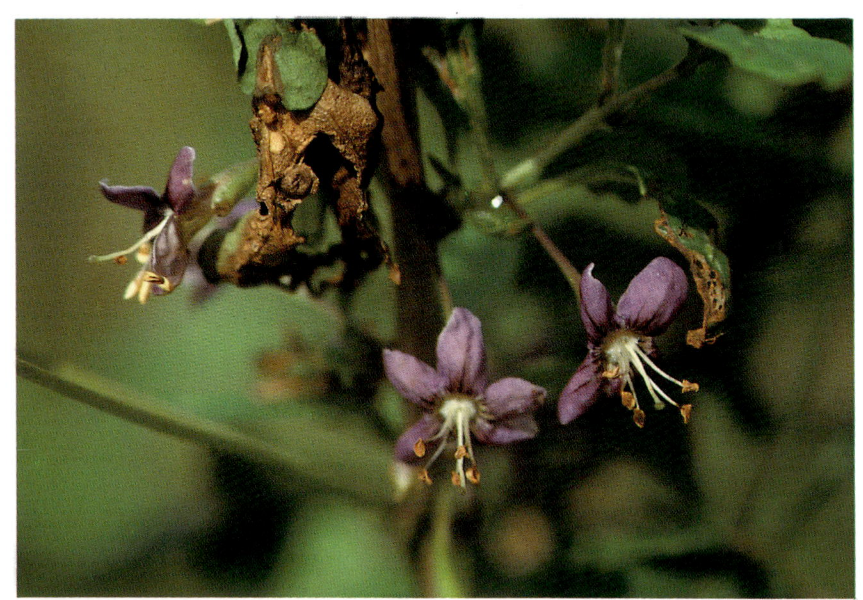

구기자 꽃 8월에 자주색 꽃이 핀다.

구기자나무(枸杞)　Luciym chinense Mill.

　생약명은 구기자(枸杞子), 지골피(地骨皮)이며 구기채(枸杞菜), 구기엽(枸杞葉), 우길력
(牛吉力), 구아자(枸牙子), 야기(若杞), 기초(杞草), 구계, 고기, 구기엽, 구기자나무뿌리
껍질 등의 속명이 있다. 이 밖에 지역에 따라 다른 이름이 있으며 이 나무의 열매를
조제한 것을 구기자라 하며 뿌리의 껍질을 조제한 것을 지골피라 하고 잎을 조제한
것을 구기엽이라 하여 약재로 사용한다.

주요 성분　Amino acids, Betaine, phusalin, Zeaxanthin, Rutin 등이 함유되어 있다.

생육 조건　전국의 인가 부근 야지 및 농가에서 재식하는 가지과의 낙엽 관목이다.
배수가 좋고 볕이 잘 드는 사질 양토 및 자갈이 약간 섞인 양토에서 잘 자란다. 번식

70

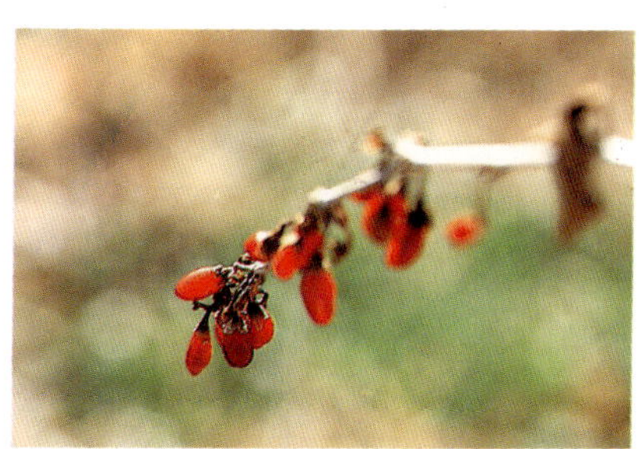

구기자 열매 10월에 열매가 익는다.

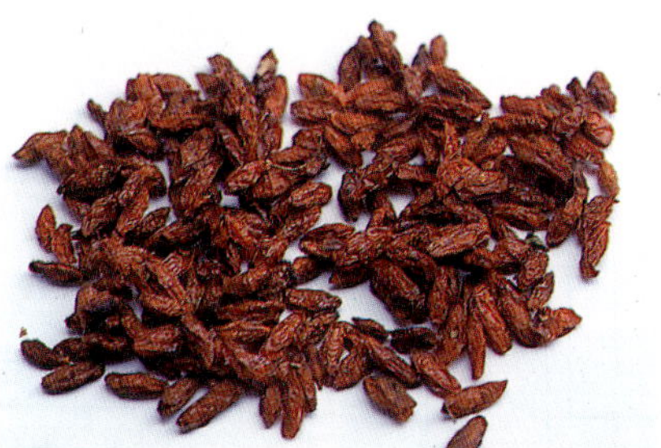

구기자 말린 열매

은 파종법과 삽목법이 있으나 삽목법이 편리하다. 이른봄 싹이 트기 전 가지를 30센티미터 정도씩 적당히 잘라서 땅에 꽂으면 뿌리 잘 내린다. 120센티미터의 높이로 자라며 8월에 자주색 꽃으로 피며 10월에 열매가 익는다. 이때 모두 따서 햇볕에 말리거나 음지에 말려 보관한다. 이 열매를 술에 담갔다가 말린 것을 법제(法製) 구기자라 하여 가치성이 높다. 뿌리는 가을에 땅에서 굵은 뿌리를 파내 뿌리의 목질부(木質部, 심)라고 하는 것을 빼내고 껍질만 말린 것이 지골피이다.

용도 식용, 관상용, 약용 등에 쓰이며 대개 강장약(強壯藥) 등에 사용된다. 세안, 소염, 해열, 강장, 당뇨병, 치통 등에 약재로 쓰이며 지골피 및 구기엽은 해열약으로 쓰인다.(왼쪽, 위 왼쪽, 오른쪽)

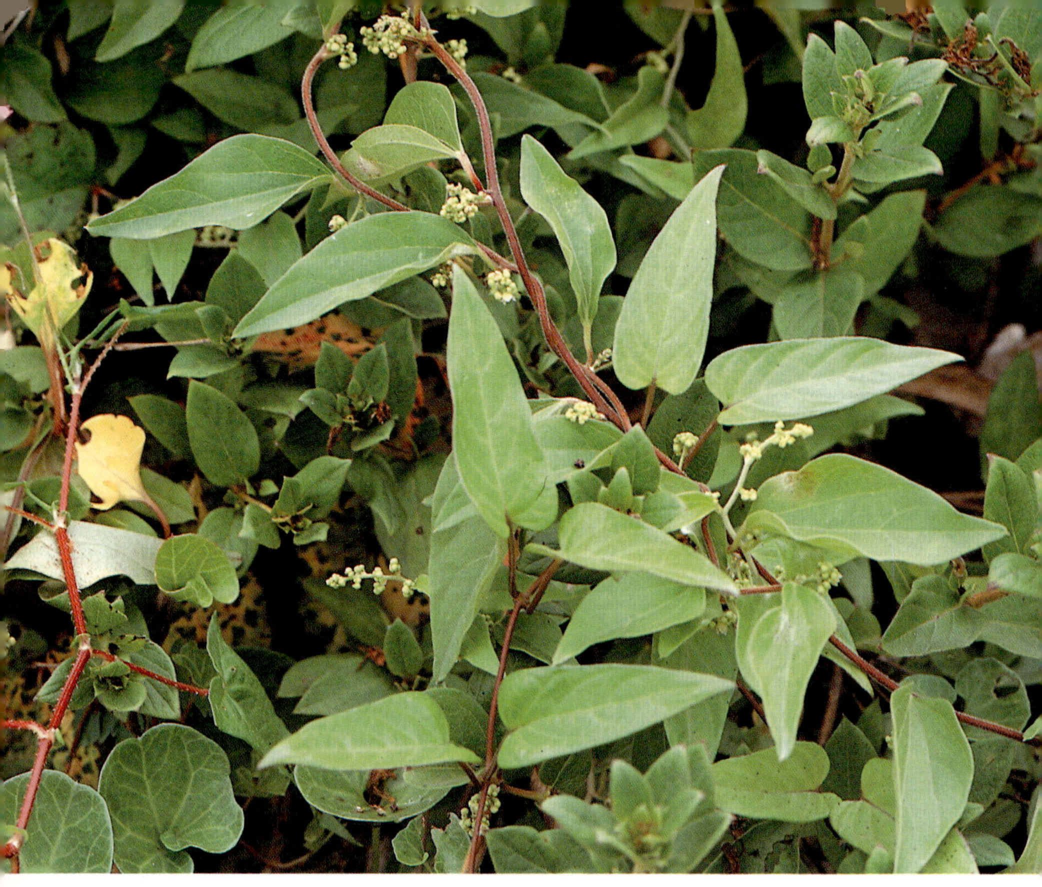

댕댕이덩굴(木防己) Cocculus trilobus DC.

　생약명은 목방기(木防己), 방기(防己)이며 토목향(土木香), 우목향(牛木香), 청등(青藤), 청등자(青藤子), 소갈자(小葛子), 소갈등(小葛藤), 청목향(青木香), 전방기(滇防己), 방기, 댕강넝굴(경남 지방), 댕댕이덩굴뿌리 등의 속명이 있다. 이 밖에 지역에 따라 다른 이름이 있다. 이 나무의 뿌리를 조제한 것을 목방기, 방기라 하여 약재로 쓴다.

주요 성분 Trilobamine Homotrilobin Sinomenine Tubocurarine, Trilobine, Isotrilobine 등이 함유되어 있다.

생육 조건 전국의 산야지, 구릉지 등에 흔히 자라는 방기과의 덩굴성 낙엽 관목이
다. 인가 부근의 산비탈이나 유휴지에 심고 지주목을 세워 주면 잘 자라며 나무 주위
에 심어 나무를 기어오르게 할 수 있다. 번식은 삽목법과 분주법으로 된다. 이른 봄에
줄기를 적당히 잘라서 묘판을 만들고 비스듬히 꽂아 메마르지 않게 한다. 또한 야생
하는 포기를 나누어 심어서 뿌리가 내린 뒤에 정식하면 잘 자란다. 1에서 3미터 정도
의 길이로 뻗어 나가며 7월에 황록색으로 작은 꽃이 모여 피며 10월에 포도송이처럼
열매가 익는다. 수확은 9월에서 11월 사이에 굵은 뿌리를 캐어내 물로 씻은 뒤 오이
를 둥글게 썰듯 얇게 썰어서 햇볕에 말려 보관한다. 이와 비슷한 성분을 가진 것으로
중부 지방 등에 자라는 한방기(韓防己)라는 식물이 있다.

용도 식용, 공업용, 약용으로 쓰이며 해열약(解熱藥) 등으로 사용한다. 감기, 수종,
중풍, 요도염, 진통, 해열, 설사, 부인병, 구토, 탈홍, 파상풍, 충독, 계소, 부종, 학질,
곽란, 안질, 고미건위, 신경통, 요통, 이뇨 등의 약재로 쓰인다.(왼쪽, 오른쪽)

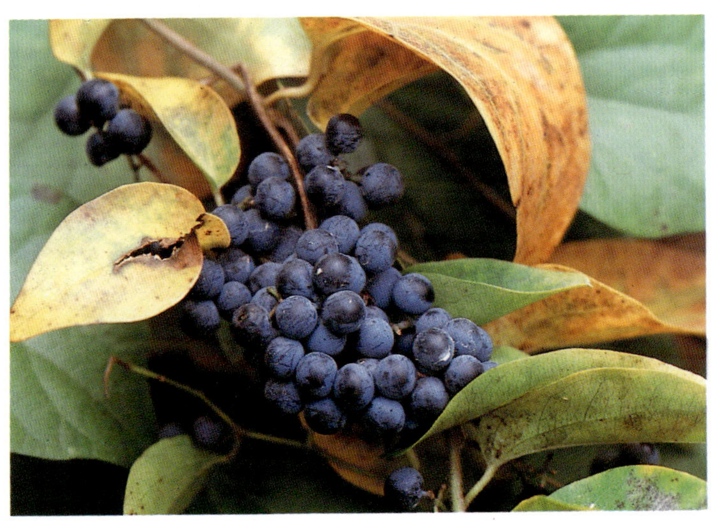

으름덩굴(木通)　　Akebia quinata Dencaisn.

생약명은 목통(木通)이며 해풍등(海風藤), 야목과(野木瓜), 마목통(馬木通), 야향초(野香椒), 산지과(山地瓜), 산황과(山黃瓜), 목통과(木通瓜), 만년등(萬年藤), 통초(統草), 팔월과(八月瓜), 으름(전북 지방), 통초, 어름나무넌출, 목통실, 연복자, 으름덩굴열매, 으름덩굴줄기 등의 속명이 있다. 이 밖에 지역에 따라 다르게 부르는 덩굴나무이며 이나무의 줄기 껍질을 조제한 것을 목통이라 하며 과실을 연복자라 하여 약재로 쓰인다.

주요 성분　　Akebink, Oleanolec acid, Hedrahenin 등이 함유되어 있다.

생육 조건　　전국의 산지에 흔히 자라는 으름과의 덩굴성 낙엽 관목이다. 산비탈의 유휴지나 울타리 등에 심으면 잘 자라고 사질 양토, 약간의 습기가 있는 곳을 좋아한다. 번식은 삽목법이나 분주법으로 한다. 2 내지 5미터의 길이로 뻗어 올라가며 5월에 자색 또는 담녹색으로 꽃이 피며 9, 10월에 열매가 익는다. 수확은 가을 11월에 잎이 다 떨어졌을 때 하지만, 잎이 월동하는 것도 더러 있다. 굵은 덩굴줄기를 잘라 껍질을 벗기고 담배 크기로 잘라 햇볕에 잘 말려 보관한다.

용도　　식용, 공업용, 약용 등에 쓰이며 이뇨약(利尿藥) 등에 사용한다. 인후, 금창, 익정위, 통혈기, 진해, 해열, 통경, 소염, 배농, 이뇨, 구충, 부종 등의 약재로 쓰인다.

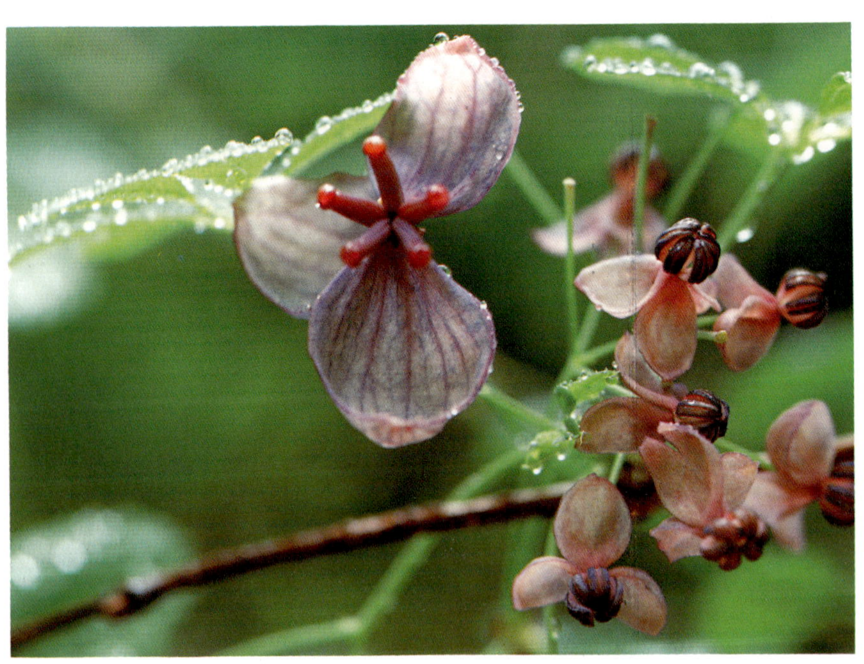

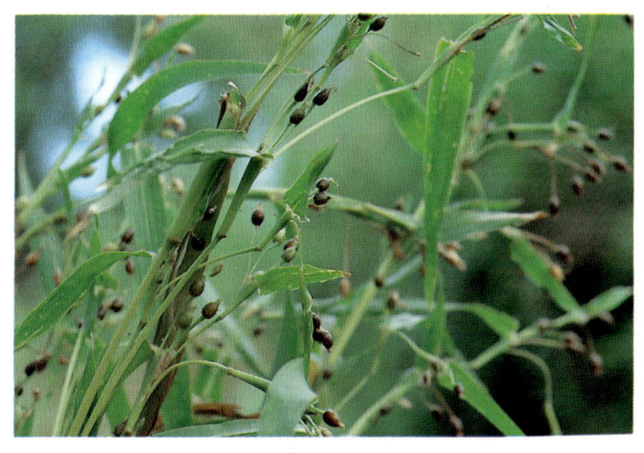

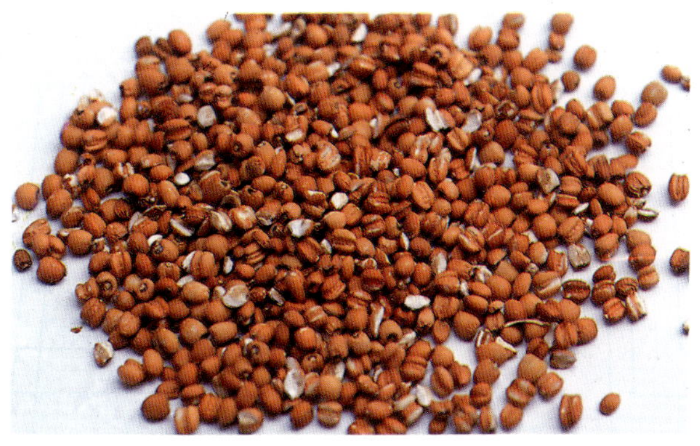

율무(薏苡) Coix lacbruma0jobi L. Var. toomuki Ito.

생약명은 의이인(薏苡仁)이며 회회미(回回米), 의미(薏米), 의인(薏仁), 주주미(珠珠米), 야의미(野薏米), 의거(薏苣), 천곡(川谷), 옥주주(玉珠珠), 육곡초자(六谷草子), 약옥미(藥玉米), 일미, 이미, 의주자, 인미, 의미인, 율무쌀, 울미 등의 속명이 있다.

주요 성분 Glutamin, Coixenolide, Leucine Alkalid, Tyrosine 등이 함유되어 있다.

생육 조건 번식은 종자로 번식되며 4, 5월에 직접 땅에 파종하면 된다. 1미터의 높이로 자라며 7, 8월에 황색 꽃으로 피며 10월에 종자가 익는다. 수확은 가을에 잎과 줄기의 색깔이 누렇게 될 때 베어 햇볕에 말려 탈곡한다. 탈곡한 종자를 다시 햇볕에 말려 절구에 찧어서 껍질을 벗기고 종자가 백색이 되도록 한다. 이것을 의이인이라 한다. 벌레가 생기기 쉬우므로 잘 보관해야 한다.

용도 식용, 공업용, 관상용, 약용 등에 쓰이며 자양 강장약(滋養强壯藥)으로 사용된다. 진경, 강장, 진통, 이뇨, 부종, 늑막염, 관절염, 신경통, 구충, 신경 익기, 수종, 농혈, 진해, 영양 강장, 소염, 해열, 폐결핵, 백대하정, 사마귀 등에 약재로 쓰인다.

옥수수(玉米)　Zea mays L.

생약명은 옥촉(玉蜀)이며 진주미(珍珠米), 속미 (粟米), 포미(包米), 강냉이 당쉬, 가내
수기, 강나미, 갱내, 수끼, 옥데기 등의 속명이 있다. 이 밖에 지역에 따라 다른 이름이
있다. 이 식물의 꽃술은 흔히 수염이라고 말하는 종자에 붙은 것을 말한다. 이것을
조제하여 옥촉이라 하여 약재로 쓰인다.

주요 성분　Dhurrin, Zein, Peroxydase, Glucose, Xylan, Galactan, Pentosan, Vitamin-B
등이 함유되어 있다.

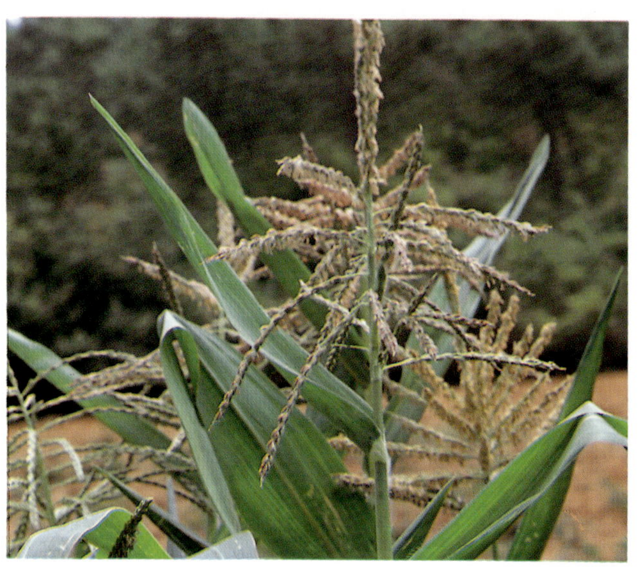

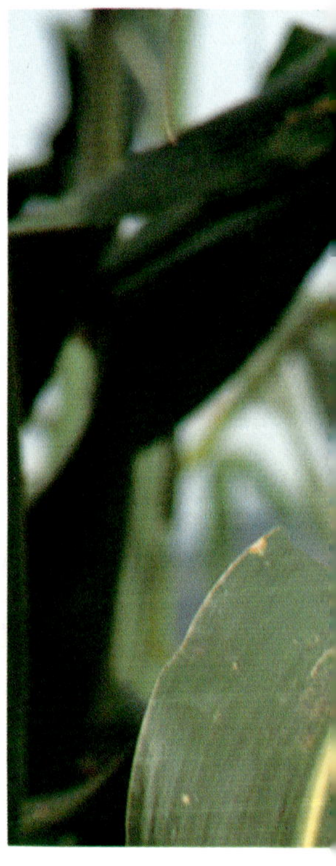

생육 조건 남미가 원산지이며 전국의 농가에서 흔히 재식하는 화본과의 한해살이풀이다. 번식은 종자 파종업으로 기존의 파종법과 같다. 1 내지 4미터의 높이로 자란다. 6, 7월에 담황색 꽃이 피며 7, 8월에 종자가 익는다. 이때 종자 머리에 붙은 수염을 채집하여 햇볕에 말려 보관한다.

용도 식용, 공업용, 약용으로 쓰이며 이뇨(利尿)의 약제로 쓰인다. 이뇨, 통경, 부종 등에 약재로 쓰이며 민간에서는 고혈압 등에 약으로 사용된다. (왼쪽, 오른쪽)

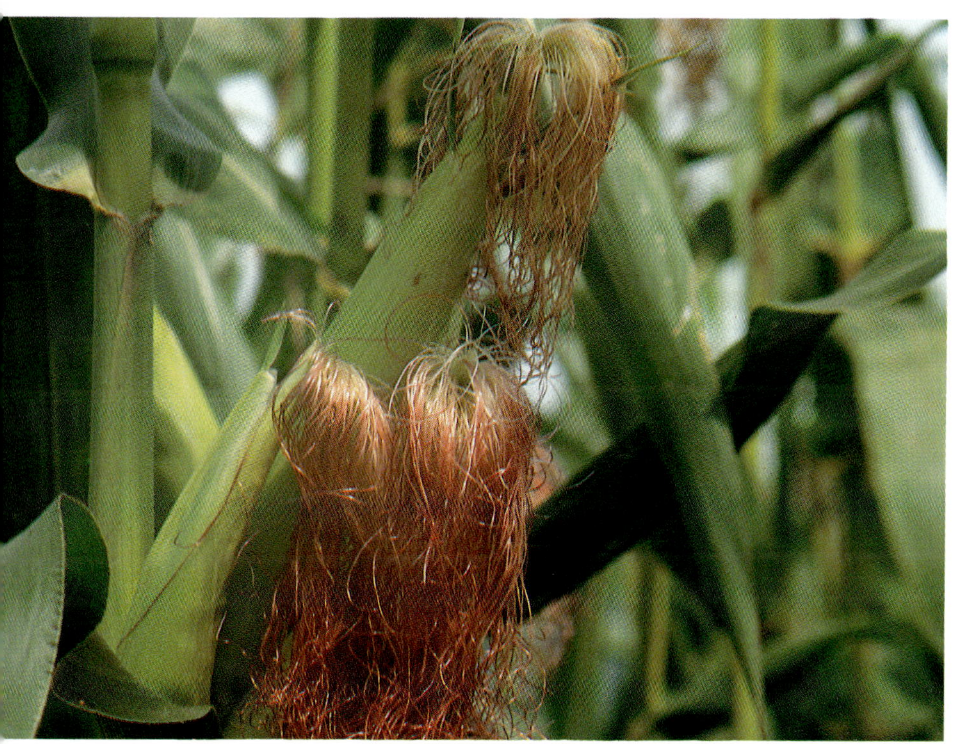

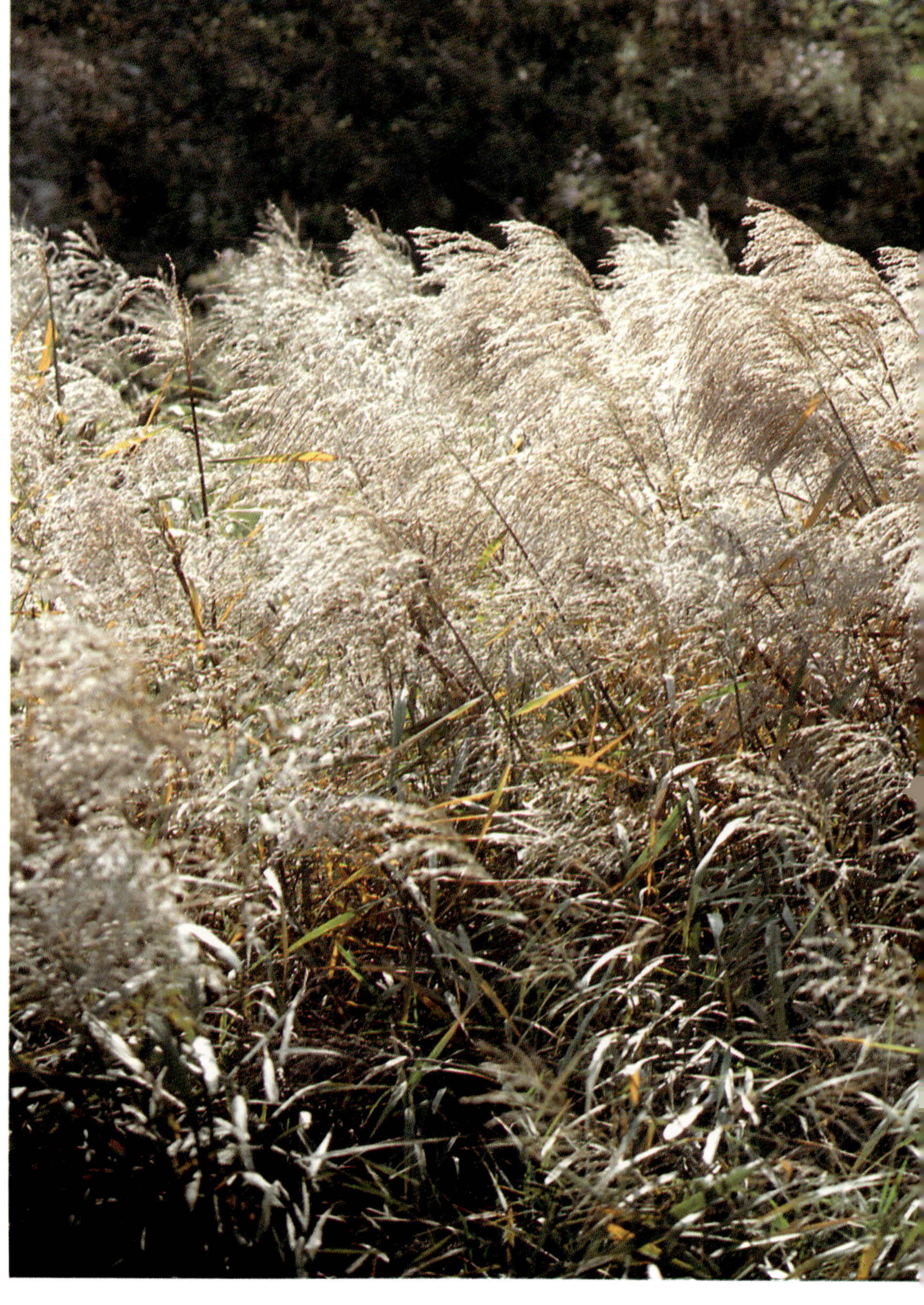

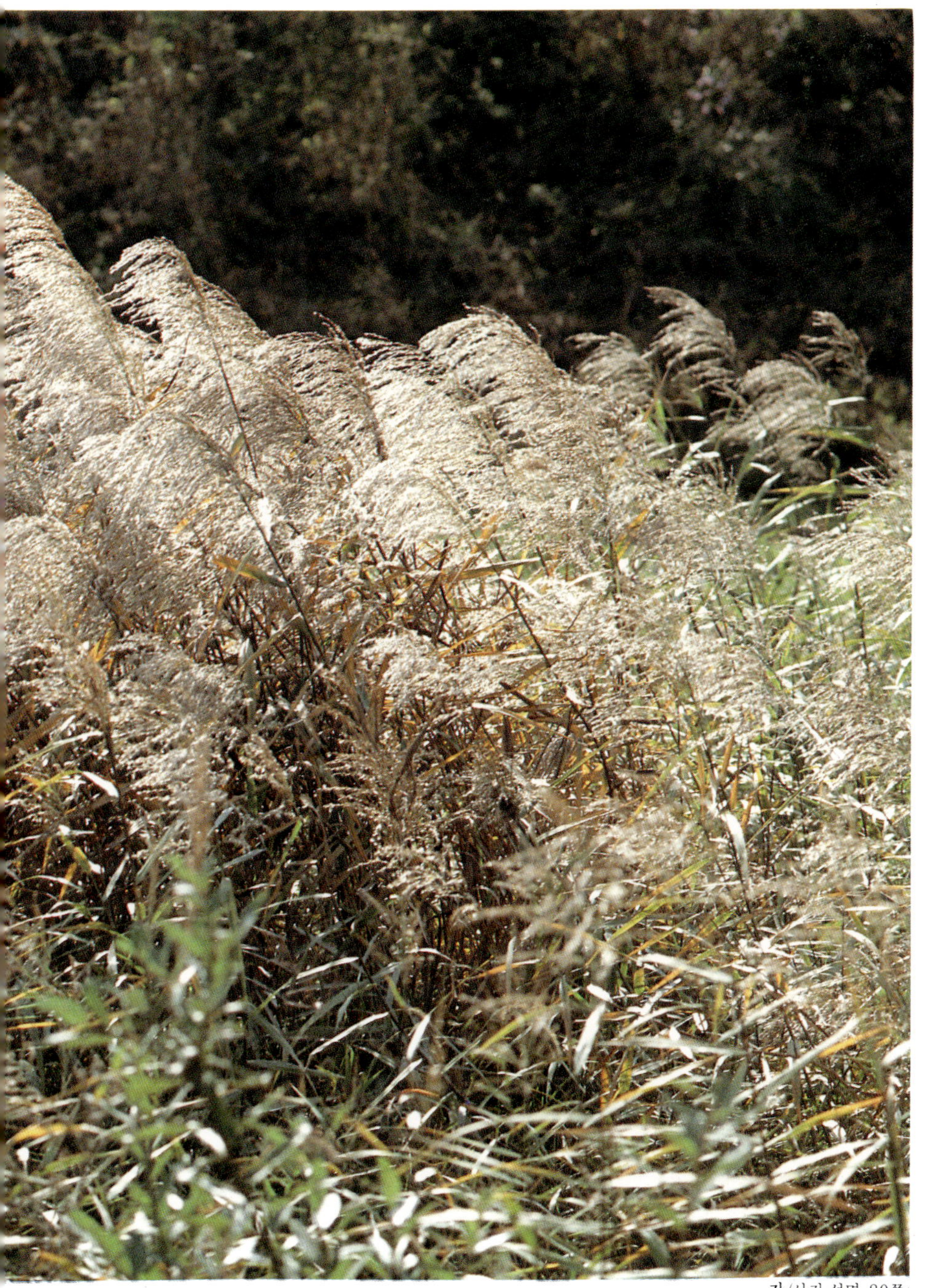

갈 (사진 설명 80쪽)

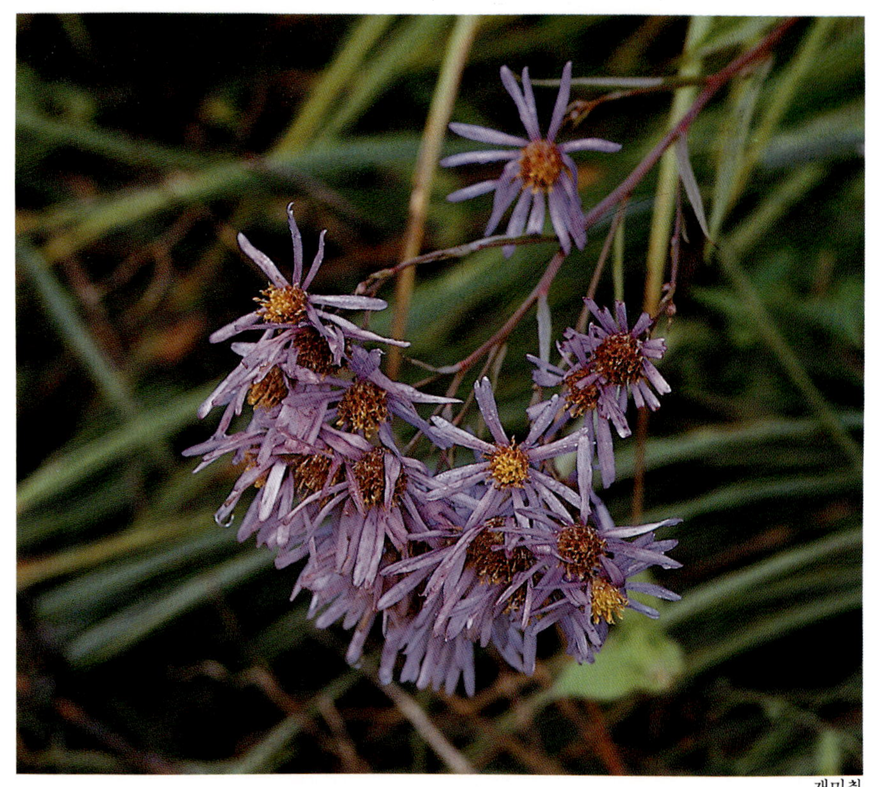

개미취

갈(蘆) Phragmites cammunis Trin.

　생약명은 노근(蘆根)이며 수로죽(水蘆竹), 갈대, 달, 갈때, 노근, 달뿌리풀, 갈팡줄기
등의 속명이 있고 이 밖에 지역에 따라 다른 이름이 있다. 이 풀의 뿌리를 조제한
것을 노근이라 하여 약재로 쓰인다.

　주요 성분 당(糖) 및 Arginin 등이 함유되어 있다.

　생육 조건 전국의 강가 및 들녘의 하천 주변에 흔히 자라는 화본과의 여러해살이풀
이다. 대개는 야생하는 풀로 이용하며 인위적으로 재배하기는 힘들다. 번식은 뿌리로
한다. 습지를 좋아하는 식물이기 때문에 물기가 있는 곳에 잘 자라며 뿌리를 적당히
나누어 심는다. 1 내지 3미터의 높이로 자라며 9월에 황갈색 꽃이 피며 10월에 종자
가 익는다. 수확은 겨울에 땅 속의 뿌리 줄기(地下莖)를 캐어내 백색이 돌고 비대한
뿌리만 골라 물에 씻어 그늘에 말려서 보관한다.

　용도 식용, 공업용, 약용 등에 쓰이며 이뇨(利尿) 등의 약으로 사용한다. 자양, 탈
홍, 해열, 이뇨 등의 약재로 쓰인다. (사진 78, 79쪽)

80

개미취(紫菀) Aster tataric L.(fil).

생약명은 자원(紫菀)이며 산백채(山白菜), 자와, 자완, 개미취뿌리 등의 속명이 있다. 이 풀의 뿌리를 조제한 것을 자원이라 하며, 풀 이름도 자원이라고도 불린다. 한방 및 민간 등에서 약재로 쓰인다.

주요 성분 방향성(芳香性) 식물이며 Astersaponin, Friedelin, epitrede, linolshionone 등이 함유되어 있다.

생육 조건 섬 지방을 제외한 전국의 산야지에 많이 자라는 국화과의 여러해살이풀이다. 토질이나 기후를 가리지 않고 어떤 곳에서나 잘 자라지만 뿌리를 수확해야 되기 때문에 진흙이나 뿌리를 캐내기 곤란한 토질은 피하는 것이 좋다. 번식은 파종법과 묘근 식부법(苗根植付法)으로 된다. 파종은 심은 해는 좋은 뿌리를 얻기 어려우며 묘근 식부법이 좋다. 가을에 수확 때 뿌리에서 백색으로 새싹이 돋으려는 뿌리들이 있는데 그런 뿌리를 모았다 심으면 잘 자란다. 1.5 내지 2미터의 높이로 자라며 8, 9월에 연한 자주색 꽃이 피며 10월에 종자가 익는다. 수확은 늦가을 서리가 내릴 즈음 줄기를 베어내고 뿌리를 끊어지지 않도록 캐낸다. 캐낸 뿌리는 햇볕에 말려 보관한다.

용도 식용, 관상용, 약용 등에 쓰이며 진해(鎭咳), 거담(祛痰) 등의 약재로 사용한다. 거풍, 토혈, 보익, 이뇨, 해소, 창종, 경풍, 인후종, 후두, 진해, 거담 등의 약재로 쓰인다.(왼쪽, 오른쪽)

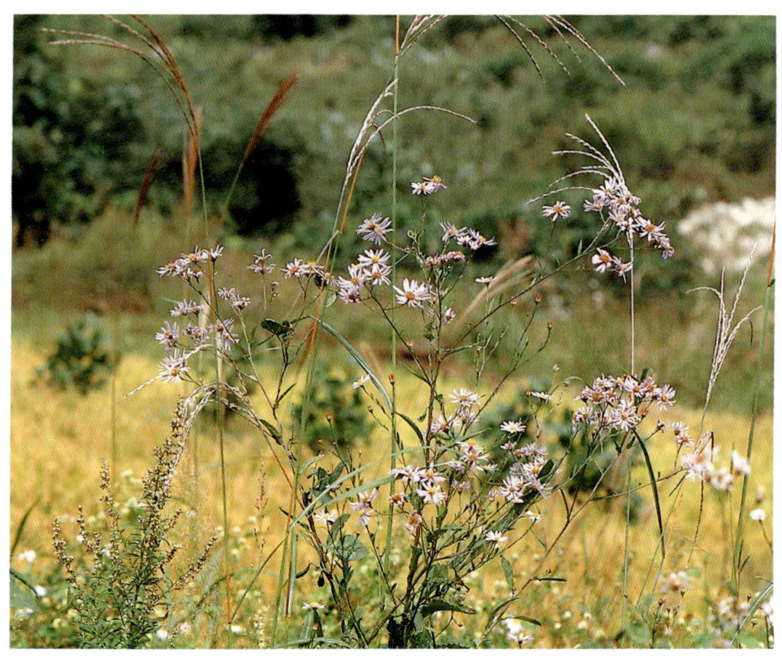

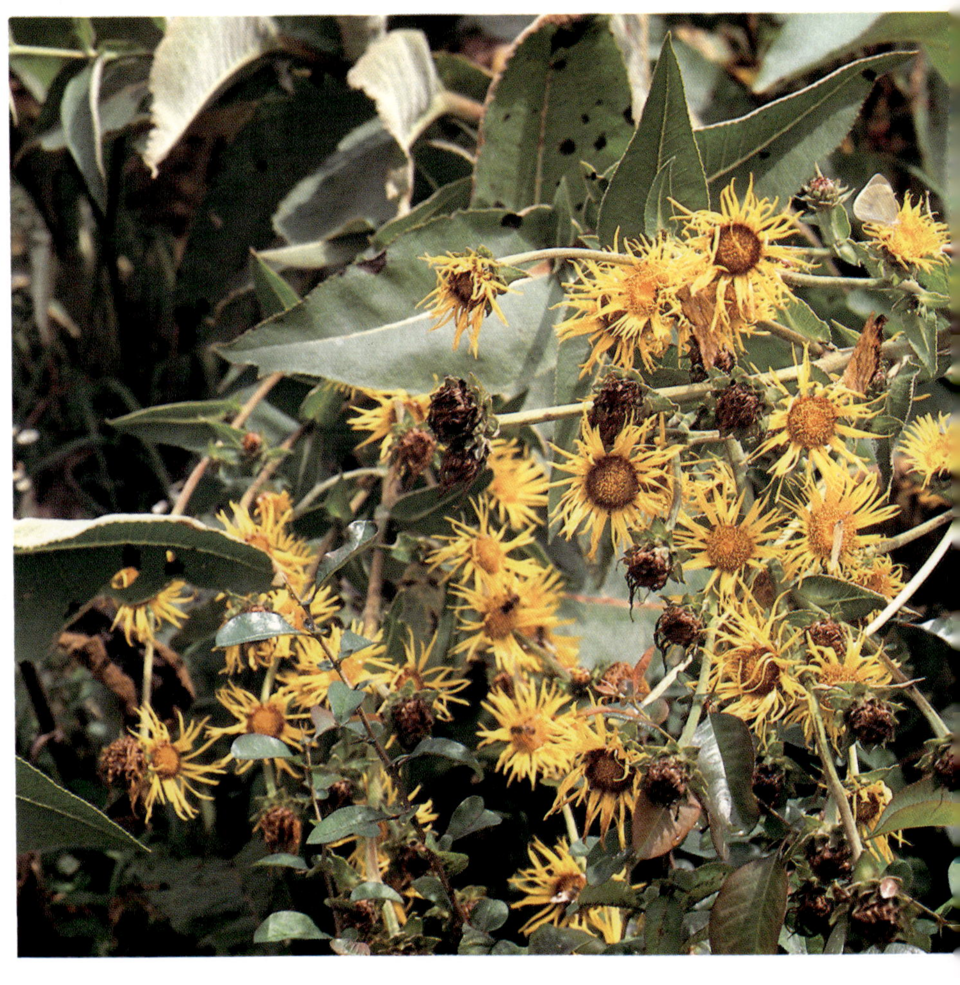

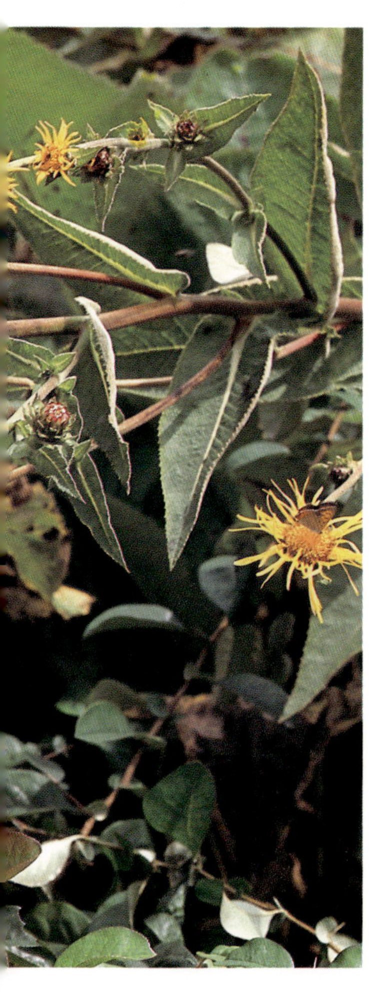

목향(木香) Inula helenium L.

생약명은 토목향(土木香), 청목향(靑木香)이며 목향뿌리 등의 속명이 있다. 약용 식물로 외지에서 들어온 풀로 뿌리를 조제하여 만든 것을 토목향, 청목향이라 하여 약재로 쓰인다.

주요 성분 Alantolactone, Alantol, lmulin 등이 함유되어 있다. (왼쪽, 84쪽)

생육 조건 유럽이 원산지이며 약용 식물로서 약초 농가에서 재식하는 국화과의 여러해살이풀이다. 이 식물은 기후나 토양을 별로 가리지 않고 잘 자라는 강인한 풀이어서 어느 곳이나 재식이 가능하며 습기가 적당한 점질 양토, 인가 주변의 밭에 심으면 잘 자란다. 번식은 일반 파종법과 묘두 식부법으로 번식된다. 가을 수확기에 길게 뻗은 뿌리는 약재로 쓰고 원뿌리는 바로 가을이나 이듬해 봄에 적당히 눈(芽)을 붙여 여러 개로 나누어 심으면 그 해에 뿌리를 수확할 수 있다. 2미터의 높이로 자라며 7 내지 9월에 밝은 황색으로 꽃이 피며 10월에 종자가 익는다. 수확할 때 뿌리의 흙을 잘 씻어 잔뿌리를 그대로 두고 길게 쪼개어 햇볕에 말린다.

용도 식용, 관상용, 약용 등에 쓰이며 강장약 등에 사용한다. 건위, 이뇨, 거담, 회충, 기관지염, 곽란, 폐결핵, 치질, 계소, 강장 등의 약재로 쓰인다. (82, 83쪽, 아래)

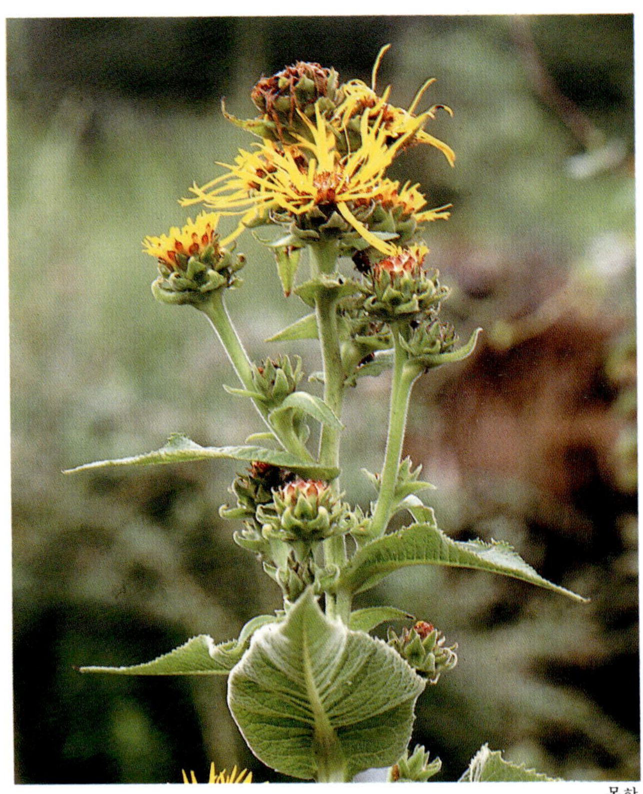

목향

대추(大棗)   Zizuphus jujuba Mill. Var. fnermis Rellid.

생약명은 대조, 산조인(酸棗仁)이며 조(棗), 홍조(紅棗), 조목(棗木), 홍조수(紅棗樹), 조자(棗子), 백조(白棗), 세대조(洗大棗), 밀조(密棗), 야조(若棗), 계조(桂棗), 양각(羊角), 녀초(경기 지방), 대추나무, 등의 속명이 있다. 이 밖에 지역에 따라 다른 이름이 있으며 열매를 대추라 하며 조제하여 약재로 쓰인다.

주요 성분   방향성(芳香性) 식물이며 Betulin, Triterpen oid, sugar, colloid, Betulicacid 등이 함유되어 있다. (아래, 86, 87쪽)

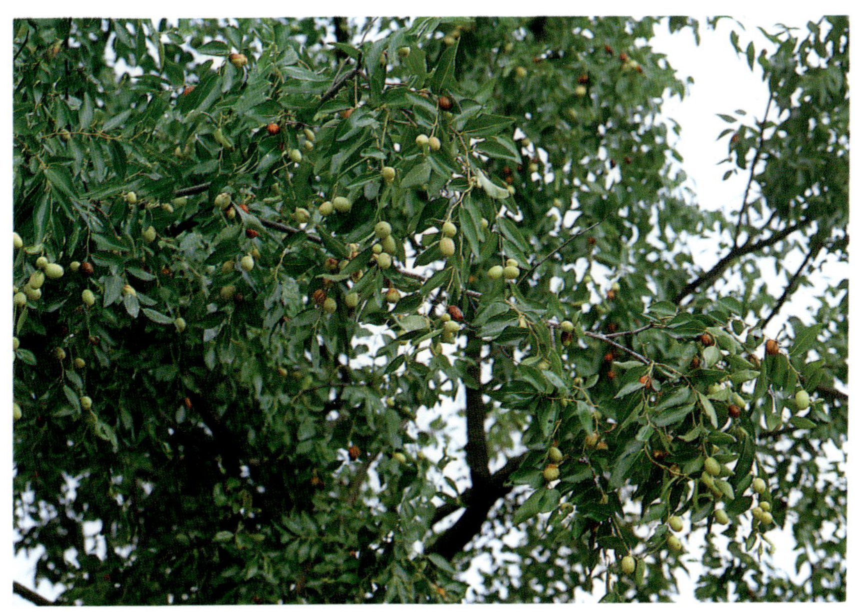

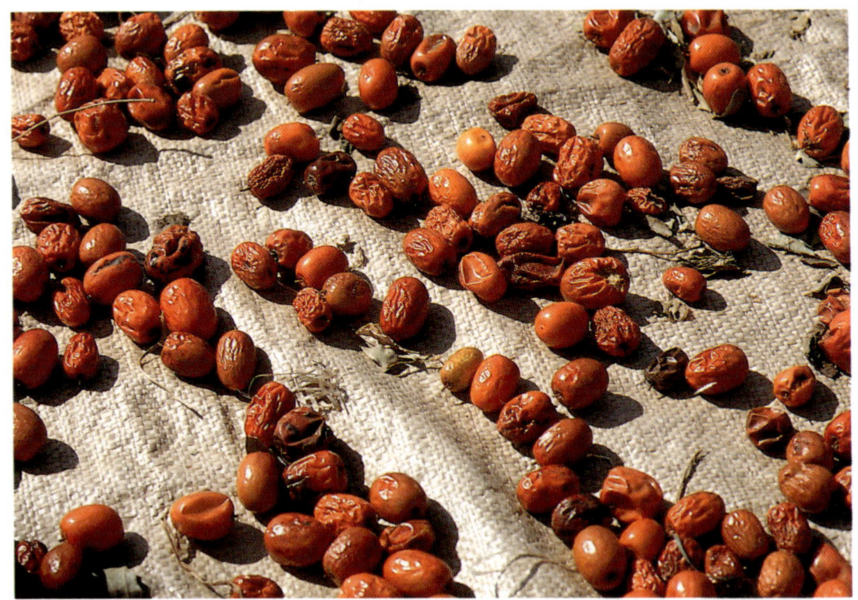

열매는 햇빛에 말려 보관한다.

생육 조건 인도가 원산지이며 우리나라에 오래 전에 들어와 과실 및 약용 식물로 인가 부근에 흔히 심어져 있는 갈매과의 낙엽 교목이다. 특히 중부 이남 지방에 더 잘 자란다. 번식은 종자로도 되지만 발아율이 적어서 주로 분주법에 의한다. 종묘상에서 묘목(苗木)을 사거나 큰 나무 밑동 부근에 돋아난 작은 싹을 떼어내 심으면 된다. 대개 묘를 심고 4, 5년 뒤에서 부터 수확할 수 있다. 10미터의 높이로 자라며 6, 7월에 연한 황색으로 꽃이 피고 9월에 열매가 익는다. 이때 열매를 따서 햇볕에

말려 보관한다. 이 과실은 예부터 감(柿), 밤(栗)과 함께 삼색(三色) 과실로서 관혼상
제(冠婚喪祭)에 빠져서는 안 되는 예제물(禮祭物)이며 각종 한약, 민간약의 강장약
등에도 많이 쓰이고 있다.
용도 식용, 관상용, 약용 등에 쓰이며 대개 강장약으로 사용한다. 신경 쇠약, 소화
제, 진통, 산후열, 인후염, 해열, 진정, 경변, 이뇨, 불면, 심복, 아기, 한열 등의 약재로
쓰인다. (85쪽, 왼쪽, 오른쪽)

대추 꽃 6, 7월에 연한 황색의 꽃이 핀다.

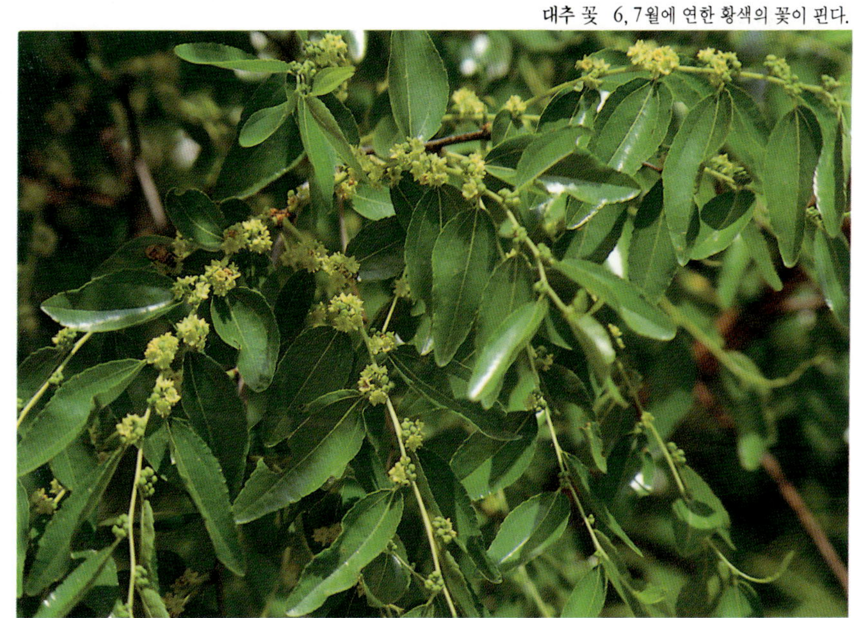

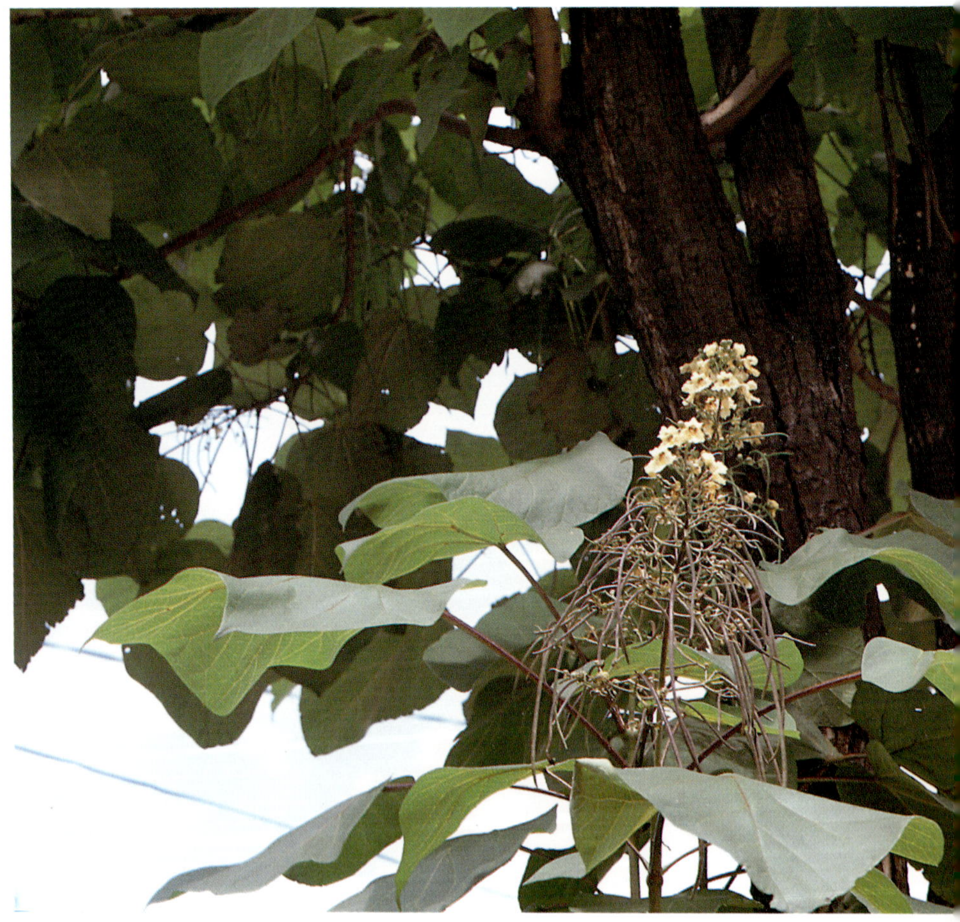

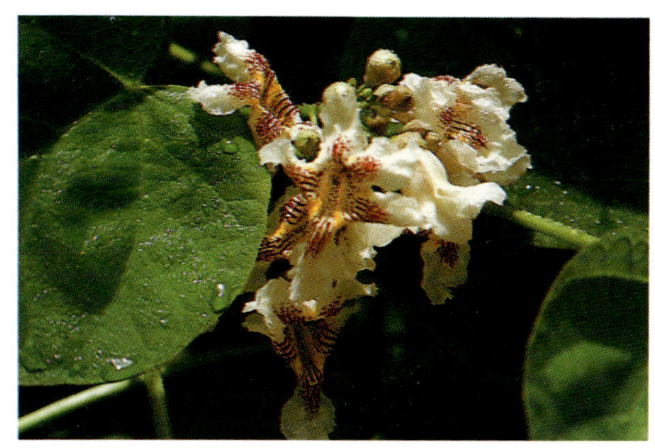

개오동(梓樹)　Catalpa ovata G. Don.

생약명은 자실(梓實), 자백피(梓白皮)이며 수동(水桐), 목각두(木角豆), 취오동(臭梧桐), 자목(梓木), 화추(花楸), 향오등, 개오등나무, 개오동 (평북 지방), 가탈파실, 노나무, 향오동나무, 신실, 향오동나무열매 등의 속명이 있다. 이 밖에 지역에 따라 다른 이름이 있다. 이 나무의 열매를 자실이라 하고 나무 껍질을 자백피라 하여 약재로 쓰인다.

주요 성분　D-hydroxycinnamic acid, Syringic acid, B-sitosterol 등 여러 가지가 함유되어 있다.

생육 조건　중국이 원산이며 정원의 관상목으로 대개 심고 있는 능소화의 낙엽 교목이다. 전국의 인가 부근 적습한 토질이면 대개 잘 자란다. 번식은 삽목법 및 종자 파종법, 분주법에 의한다. 종자는 4월에 파종하고 삽목법은 묘포에서 2년 정도 지난 뒤에 정식하면 된다. 분주 또한 일반 분주법처럼 곁뿌리를 잘라서 4 내지 5마디로 나누어 땅 위에 비스듬히 꽂아 심는다. 10미터의 높이로 자라며 8월에 백색 바탕에 자주색 반점과 황색줄이 있는 꽃이 핀다. 10월에 종자가 익는데 7, 8년쯤 되어야 꽃이 많이 피고 열매도 많이 열린다. 수확은 9월에 열매의 끝부분이 푸른기가 남아 있을 때 열매를 채집하여 햇볕에 말려 적당한 길이로 잘라서 보관한다.

용도　밀원용, 공업용, 관상용, 약용 등에 쓰이며 이뇨(利尿), 해열 등의 약으로 사용한다. 요도염, 신장염, 건위, 강장, 진통, 이뇨, 치질 탈홍증, 해열, 구충, 양모, 화상, 종창 등의 약재로 쓰인다. (왼쪽, 오른쪽)

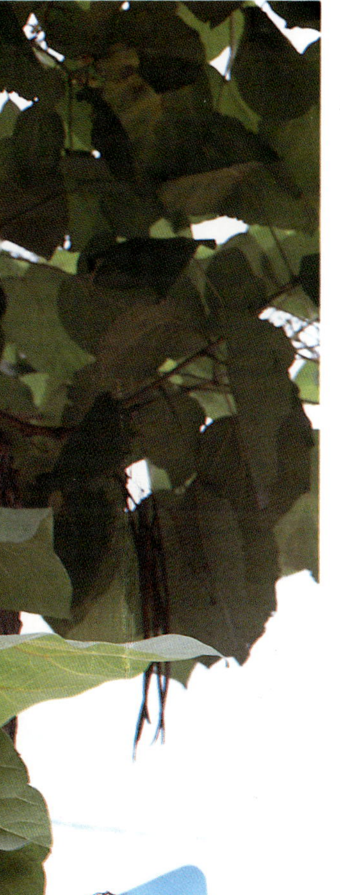

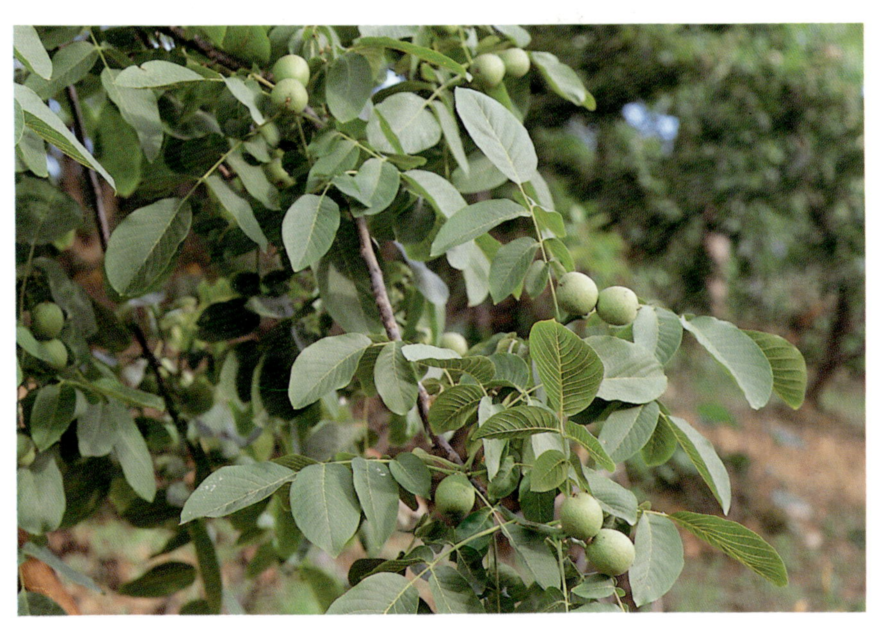

호도나무(胡桃) Juglans sinensis Dode.

　생약명은 호도인(胡桃仁)이며 핵도(核桃), 핵도수(核桃樹), 당추자(唐楸子), 산핵도
(山核桃), 호두, 호도나무, 호도, 호도나무씨 등의 속명이 있고, 이 밖에 지역에 따라
다른 이름이 있다. 이 나무의 핵을 호도인이라 하여 약재로 쓰인다.

　주요 성분 Kaenapferol-3- glucside, Tannin, Exelsin, Lugron, Linolein 등이 함유되어
있다.

90

생육 조건 중국이 원산지이며 우리나라 중부 지방의 산지와 평야 등 비옥한 땅에서
잘 자라는 호두과의 낙엽 교목이다. 번식은 접목으로 하지만 종묘상에서 묘를 구입하
여 심는 것이 좋다. 나뭇가지와 뿌리가 멀리까지 뻗어 나가기 때문에 간격을 많이
넓혀 심어야 하며 햇볕이 잘 들고 배수가 잘 되는 지층이 깊은 비옥한 토질을 택해야
한다. 정식 뒤, 6, 7년이 지나야 열매가 열리는데 봄에 싹이 튼 뒤에 한파 및 서리를
맞으면 열매가 열리지 않으므로 주의해야 한다. 20미터의 높이로 자라며 5월에 자주
색 꽃이 피고 10월에 열매가 익는다. 이때 열매를 채취하여 육질 껍질을 제거하고
핵과(씨)를 꺼내어 햇볕에 잘 말린다.

용도 식용, 공업용, 약용 등에 쓰이며 자양 강장(滋養強壯) 약으로 사용한다. 진해,
동상, 구충, 임신구토, 자양, 강장, 피부병, 모발 염색 등에 약재로 쓰이며 나무는 각종
가구 재료 및 조각재, 비행기재 등에 쓰인다.(왼쪽, 아래 왼쪽, 오른쪽)

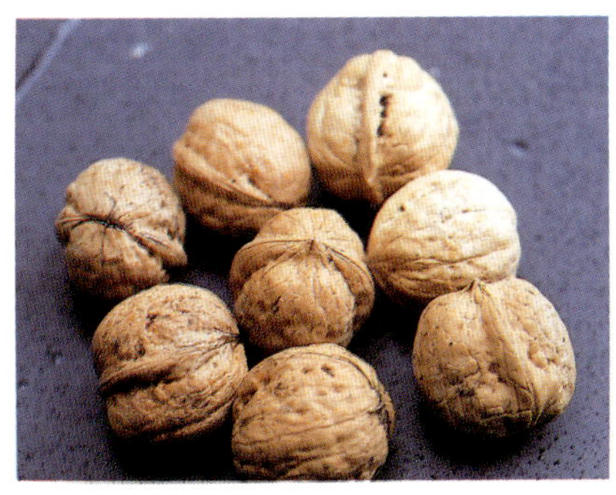
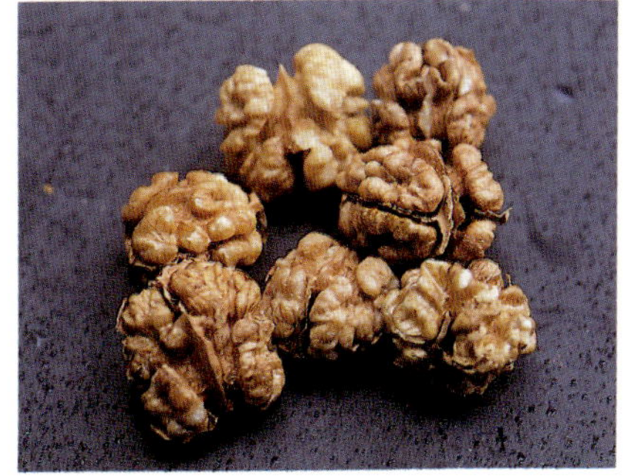

삼지구엽초(三枝九葉草) Epimedium Koreanum Nakai.

　생약명은 음양곽(淫羊藿)이며 조선음양곽(朝鮮淫羊藿), 양곽엽(羊藿葉), 선령비, 음양
곽, 정초 등의 속명이 있고, 이 밖에 지역에 따라 다른 이름이 있다. 이 풀의 잎과
줄기를 말려 조제한 것을 음양곽이라 하여 약재로 쓰인다.

주요 성분 Magnoflorine lcarin $C_{33}H_{42}O_{16}$ Des-o-methylicariin 등이 함유되어 있다.

생육 조건 우리나라 중부 및 북부 지방의 산지, 수림 속에 자라는 매자과의 여러해
살이풀이다. 이 풀은 특히 깊은 산 지역의 수림 속에 자라기 때문에 경기 및 강원

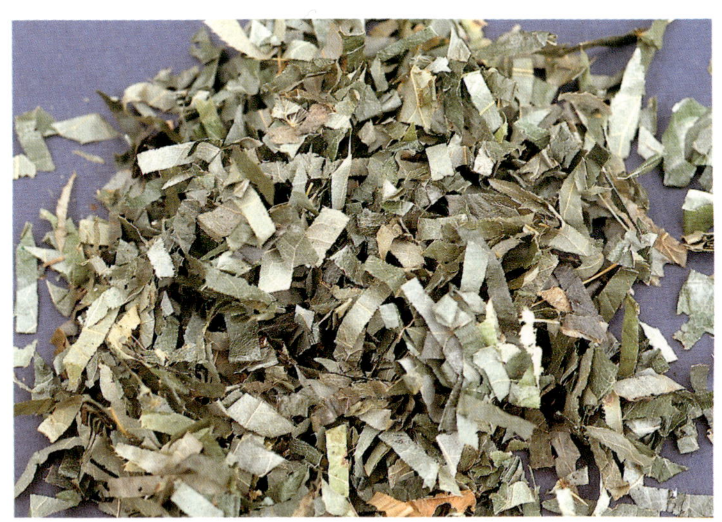

지방의 산간지에 적합하다. 햇볕이 잘 들지 않는 수림 속에 자라기 때문에 응달진 곳을 택해야 한다. 번식은 일반 종자 파종법이나 삽목법, 분주법 등에 의하여 한다. 30센티미터의 높이로 자라고, 5월에 백색 또는 연한 자색으로 꽃이 피며 7월에 종자가 익는다. 수확은 5월에 꽃이 한창 필 때 꽃과 줄기, 잎을 따서 통풍이 잘 되는 그늘에 말려 보관한다.

용도   관상용 및 약용으로 쓰이며 대개는 강장약 등에 사용한다. 강장, 이뇨, 창종, 건망증, 음위 등의 약재로 쓰인다. (왼쪽, 오른쪽)

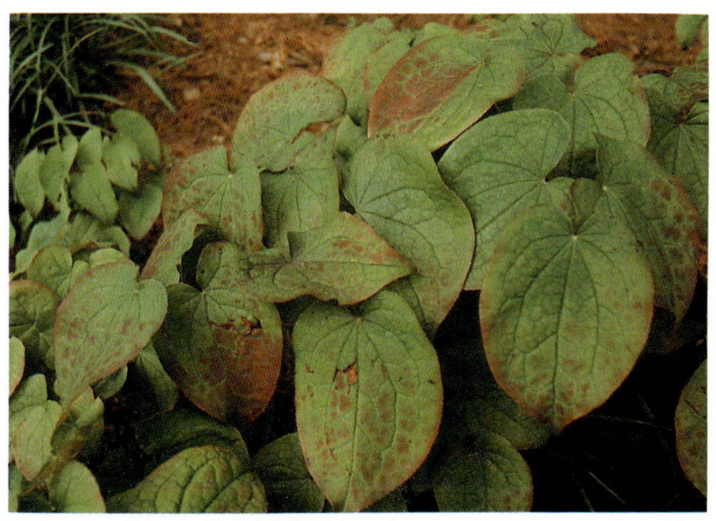

작약(芍藥) Paeonia albiflora pall. Var. hortensis
Makino.

생약명은 작약이며 홍약(紅藥), 적약(赤藥), 백약
(白藥), 산작약(山芍藥), 작약화(芍藥花), 함박꽃,
적작약 등의 속명이 있고 이 밖에 지역에 따라
다른 이름이 있다. 이 풀의 뿌리를 조제한 것을
작약이라 하여 약재로 쓰인다.

주요 성분 Paeonoside, Paeoniflorin, B-sitosterol,
Paeonine, gallotannin, Benzoic acid Astragalin 등
여러 가지가 함유되어 있다.

생육 조건 중국이 원산지이며 우리나라에 약용
식물로 들어와 관상용 및 약초 농가에서 재식도
하는 미나리아재비과의 여러해살이풀이다. 우리나
라 각지에 재식이 가능하며 표토가 깊고 배수가
잘 되는 식질 양토에 가장 적합하며 다소 음습한
산지의 비탈진 곳에 잘 자란다. 번식은 일반 파종
법, 분주법으로 되는데 파종을 한 경우 3년 뒤
가을에 밭에 정식한다. 분주는 가을에 포기를 캐어
재(灰)를 묻혀서 잔뿌리가 상하지 않고 건조되지
않게 하여 정식한다. 80센티미터의 높이로 자라며
5, 6월에 백색, 적색 등 여러 가지 색으로 핀다.
8월에 종자가 익으며 수확은 정식한 뒤 4, 5년
뒤에 가을에 하는 것이 좋다. 8월부터 땅이 얼기까
지가 알맞은 시기이다. 뿌리를 캐내 나누어서 껍질
을 벗기고 짧은 시일에 말려야 한다. 말리는 기간
이 길어지면 색깔과 품질이 떨어진다. 뿌리는 전체
를 다 캐내는 것보다 해마다 일부분씩 캐내는
것이 좋다.

용도 관상용, 약용 등에 쓰이며 진경(鎭痙), 진통
의 약으로 사용한다. 부인병, 복통, 진경, 두통,
해열, 지혈, 창종, 대하, 진통, 각혈, 하리, 이뇨
등의 약재로 쓰인다.(오른쪽, 96쪽)

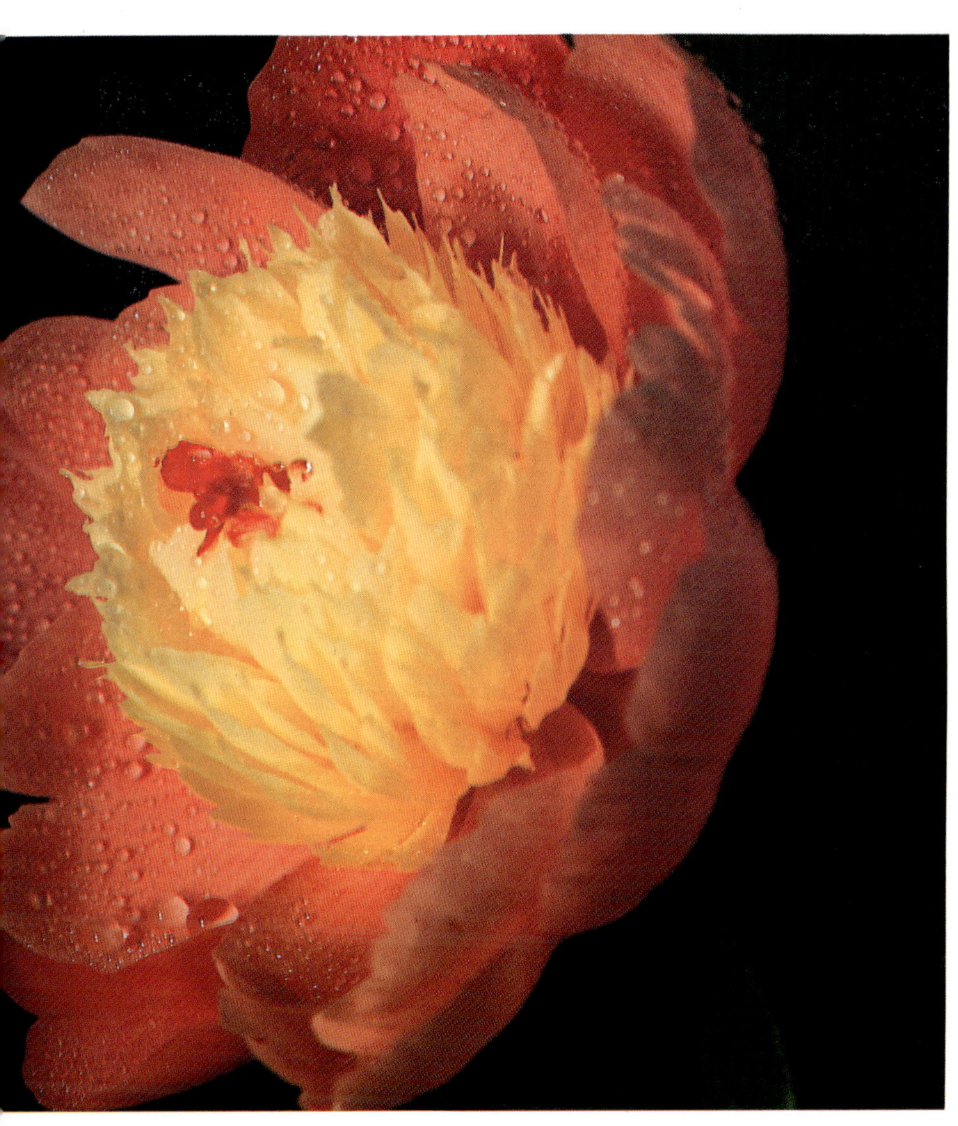

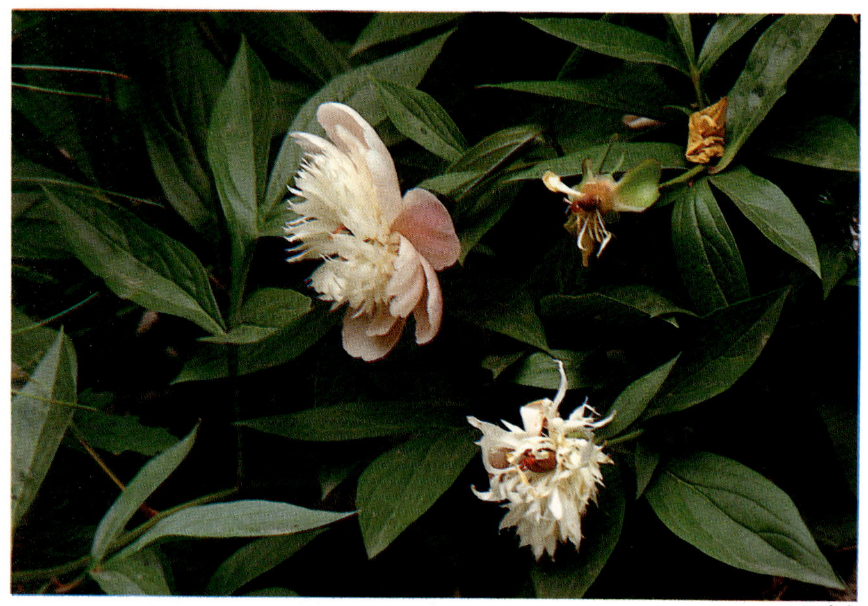

작약

모란(牡丹)　Paeonia moutan Andr.

생약명은 목단(牡丹), 목단피(牡丹皮)이다. 아름다운 꽃이 많이 피는 나무이기에 관상용으로도 많이 심는 나무이다. 이 나무의 뿌리를 조제한 것을 목단피 또는 목피라 하여 약재로 쓰인다.

주요 성분　유독성 식물이며 Paeonol, Benzoic acid, Paeonin, Paeonoside 등 여러 가지가 함유되어 있다.

생육 조건　중국이 원산지이며 우리나라에 관상용 및 약용 식물로 들어와 각지의 약초 농가에서 재식하고 정원 등에 관상수로 흔히 심는 미나리아재비과의 낙엽 관목이다. 따뜻한 곳에서 잘 자라는 나무로 중부 및 남부 지방이 적합하다. 북서쪽이 막힌 남향에 배수가 잘 되어야 하며 식질 양토, 점질 양토에 적합하다. 번식은 일반 파종법 및 분주법 등으로 된다. 파종법은 오랜 시일이 걸리므로 분주로 하는 것이 좋다. 150 내지 180센티미터의 높이로 자라며 5, 6월에 홍색, 짙은 홍색, 백색 등의 꽃이 우아하게 핀다. 수확은 정식 뒤 4, 5년이 지나야 할 수 있다. 10월에 종자가 익는데 이때 뿌리를 캐내어 뿌리는 여러 개로 나누어 다시 심고 수확한 뿌리는 적당한 길이로 잘라 목질부(木質部)를 두들겨 빼낸다. 껍질 부분만 남은 것을 적당히 잘게 썰어서 햇볕에 건조시킨 것을 동목(筒牡)이라 하는데 경제적 가치가 높고, 뿌리를 쪼개어 목질부를 빼 낸 것을 편목(片牡)이라 한다.

용도　관상용, 식용 등에 쓰인다. 월경 불순 및 소염 진정약에 사용 한다. 지혈, 창종, 대하, 진통, 각혈, 금창, 하리, 이뇨, 진경, 부인병, 두통, 복통, 정혈 등의 약재로 쓰인다. (오른쪽 위, 아래)

96

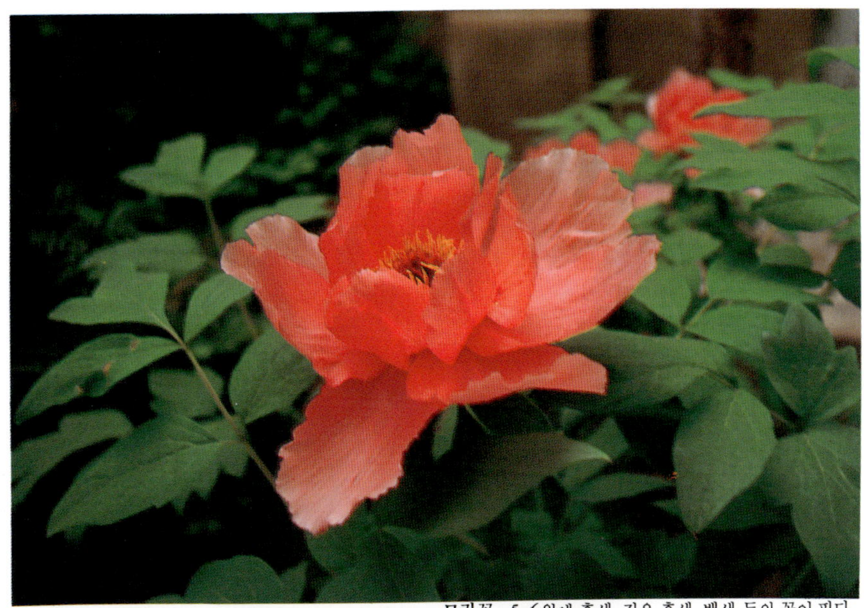

모란꽃 5, 6월에 홍색, 짙은 홍색, 백색 등의 꽃이 핀다.

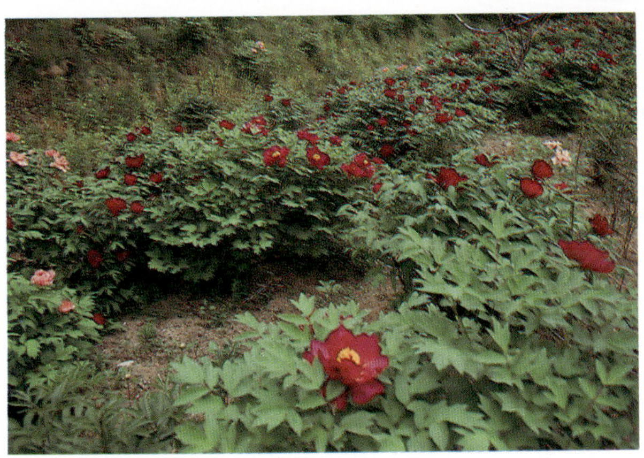

할미꽃(白頭翁)　Pulsatilla Koreana Nakai.

　생약명은 백두옹(白頭翁)이며 노고초(老姑草), 할미꽃뿌리 등 속명이 있고, 사람들에게 많이 알려진 풀이다. 이 풀의 뿌리를 조제하여 백두옹이라 하며 약재로 쓰인다.

주요 성분　유독성 식물이며 Anemonine 등이 함유되어 있다.

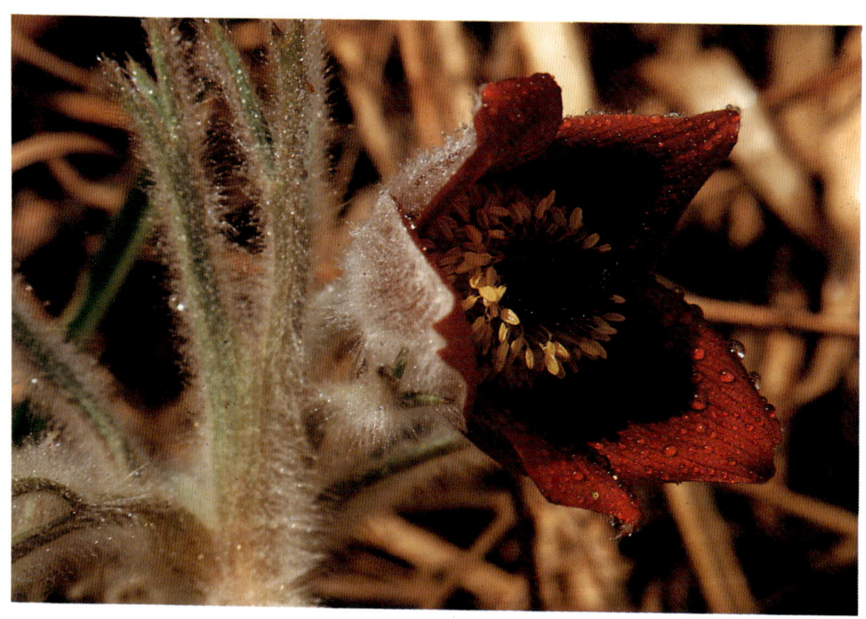

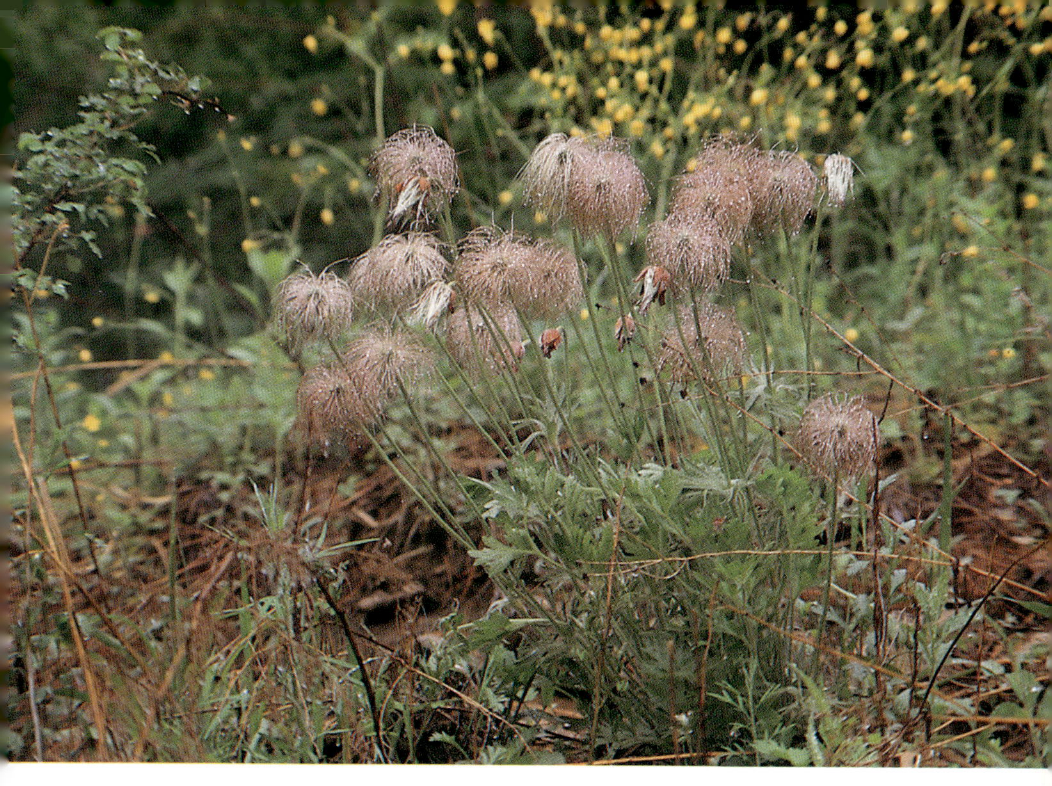

생육 조건 우리나라 중부 지방 산야의 특히 햇볕이 잘 드는 곳에 흔히 자라는 미나리아재비과의 여러해살이풀이다. 번식은 파종법 및 분주법 등에 의해서 하며 분주보다 파종으로 하는 것이 좋다. 5월에 종자가 익어서 머리칼같이 하얗게 분수 모양을 하고 있는데 이때 씨앗을 채취하여 바로 밭이나 묘판에 뿌린다. 약 3, 4주 뒤면 자라는데 겨울을 지나게 되면 발아율이 좋지 않다. 40센티미터의 높이로 자라며 4, 5월에 짙은 자주색 꽃이 핀다. 수확은 심은 뒤 2, 3년 지나 뿌리가 굵어질 때 캐어 햇볕에 말려 보관한다.

용도 관상용에 쓰이며, 진통, 지혈, 소염, 건위, 풍상, 수렴 등에 쓰인다. (왼쪽, 오른쪽)

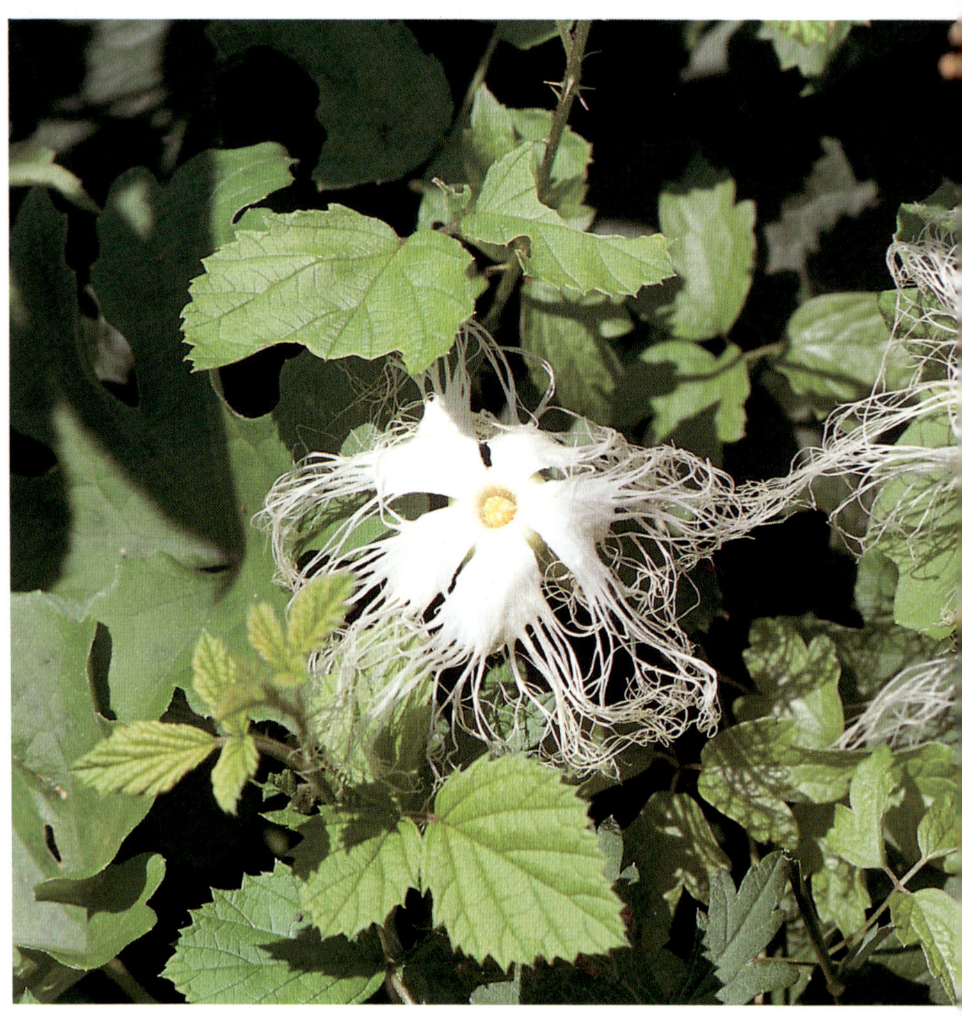

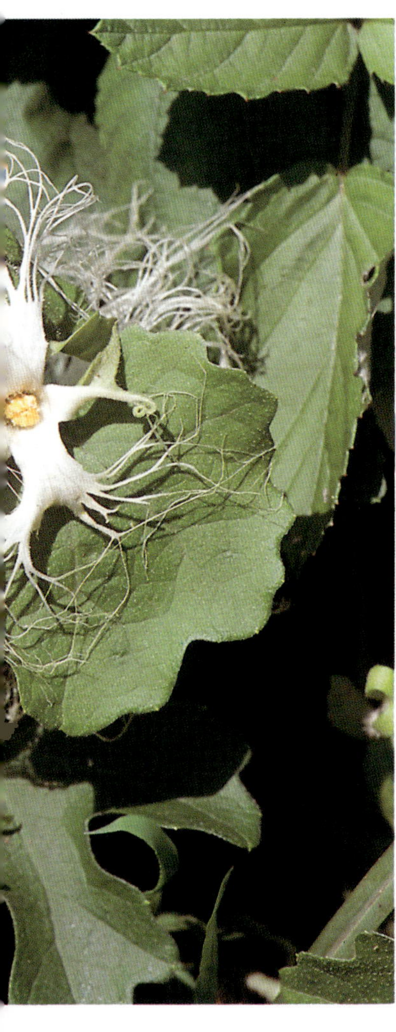

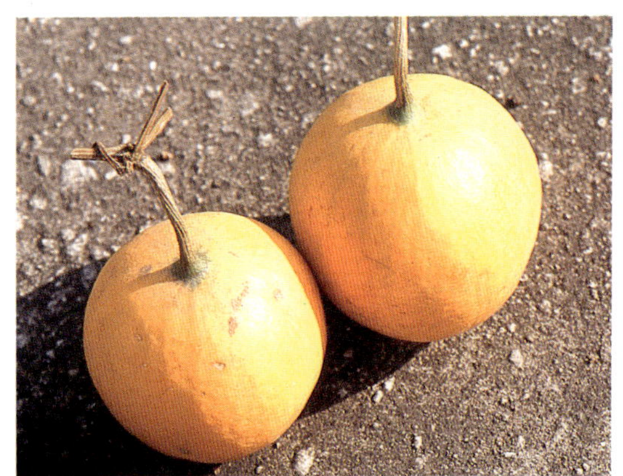

하늘타리(括樓) Trichosanthes Kirilowii Max.

생약명은 괄루(括樓), 괄루인(括屢仁), 천화분(天化粉), 괄루근(括樓根)이며 하늘수박, 하늘타리뿌리, 고과(苦瓜), 약과(薬瓜), 과루등(瓜樓藤), 야고과(野考瓜), 천선지루(天仙地樓) 등의 속명이 있다. 이 밖에 지역에 따라 다른 이름이 있는 덩굴풀이며 열매를 괄루라 하고 핵(씨)을 말린 것을 괄루인, 뿌리를 말린 것을 천화분, 괄루근이라 하여 약재로 쓰인다.

주요 성분 괴근(塊根) 속에 많은 양의 전분(澱粉)이 함유되어 있고 종자는 지방유(脂肪油), Trichosanthin 등이 함유되어 있다.

생육 조건 전국의 산야지, 수림지, 인가 주변의 울타리 등에 자라는 외과의 여러해살이덩굴풀이다. 번식은 종자로 번식되며 4월 중순에 호박을 심는 것처럼 심으면 된다. 약 20일이 지나면 싹이 트고 자라는데 이때 지주목을 세워서 타고 올라가도록 해준다. 2, 3미터의 길이로 뻗으며 7, 8월에 백색으로 꽃이 피며 꽃잎이 가늘게 갈라진다. 수확은 가을 9월 하순이 되면 푸른 열매가 황색으로 변하므로 이때 열매를 따서 햇볕에 그냥 말리거나 종자를 분리하여 말려 보관한다. 뿌리는 서리가 내릴 즈음 캐내 껍질을 벗기고 잘게 쪼개어 햇볕에 말린다.

용도 식용, 공업용, 관상용, 약용 등에 쓰인다. 천화분은 습진약으로 괄루인은 소화불량약으로 사용한다. 타박, 허혈, 창종, 당뇨, 해열, 해소, 치루, 이뇨, 중풍, 유두염, 적백리, 황달, 결핵 등에 약재로 쓰인다. (왼쪽, 오른쪽)

수세미오이(絲瓜) *Luffa cylindrica* Roem.
　생약명은 사과락(絲瓜絡)이며 수과(水瓜), 사과등(絲瓜藤), 사과자(絲瓜籽), 수세외,
수세미외, 사과 등의 속명이 있고, 관상용으로 흔히 심고 있는 덩굴풀이다. 이 덩굴줄
기의 액체를 조제하여 사과락이라 하여 약재로 쓰인다.
　주요 성분 Gibberllin, Saponin, Oleanolic acid, Galactose, Xylose 등 여러 가지가 함유
되어 있다.

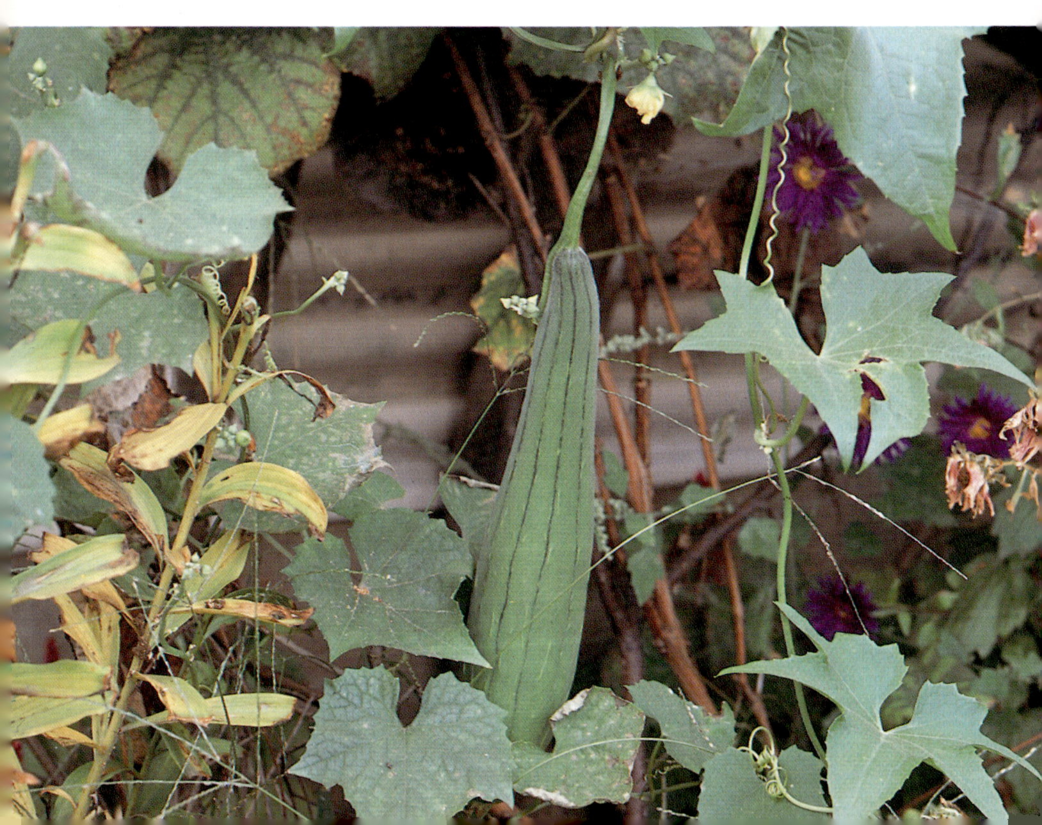

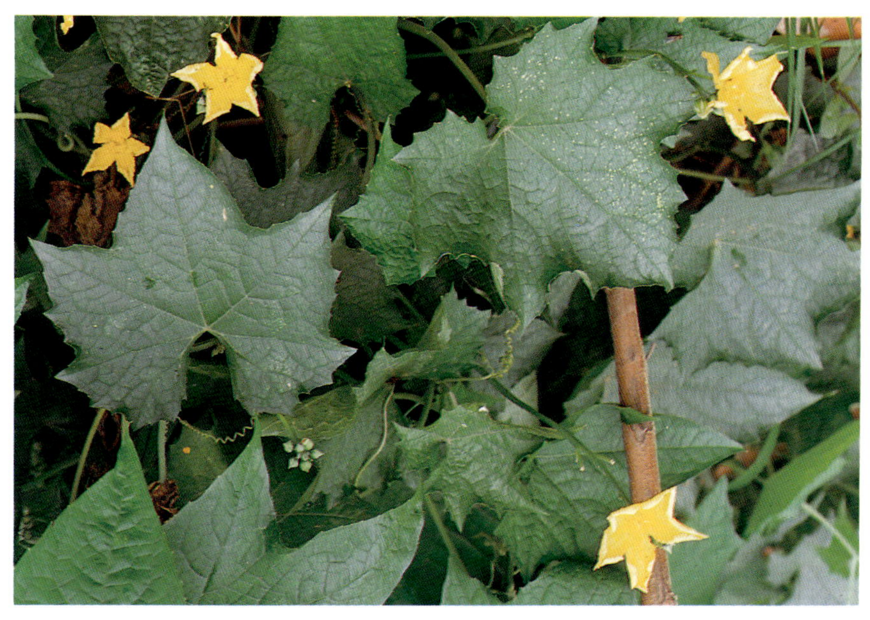

생육 조건 열대 아시아 지방이 원산지이며 각지의 농가 및 정원 등지에 관상용으로 심고 있는 외과의 한해살이덩굴풀이다. 번식은 파종법으로 씨앗을 봄에 호박을 심는 것과 같이 심으면 된다. 5미터의 길이로 뻗어나가고 6 내지 8월에 노란색 꽃이 피며 10월에 열매가 익는다. 열매는 서리가 내리기 전에 따서 그늘에 말린다. 사과락을 수확하고자 할 때에는 여름 성수기에 여러 줄기 가운데 하나의 밑부분을 자르고 줄기를 빈 병에 넣어 고정시켜 놓으면 수액이 병 속으로 흘러나온다. 모인 수액에다 글리세린 및 메틸 알콜과 붕산 등 정합량을 섞어서 보관하여 공업용(화장수)으로 쓰인다.

용도 관상용, 공업용, 약용 등에 쓰이며 거담제로 사용한다. 거담, 곽란, 외치, 동상, 자궁 출혈, 각기, 이뇨, 풍치, 건위 등의 약재로 쓰인다. (왼쪽, 오른쪽)

애기똥풀(白屈菜)　Chelidonium major L. Var. grandifiorum A.P.DC.

　생약명은 백굴채(白屈菜)이며 산황련(山黃連), 우사화(牛舍花), 황련(黃連), 토황련(土黃連), 젖풀, 까치다리, 씨아똥, 아기똥풀 등의 속명이 있다. 이 밖에 지역에 따라 다른 이름이 있으며 이 풀의 전초(全草)를 말려서 조제한 것을 백굴채(白屈菜)라 하여 약재로 쓰인다.

주요 성분　유독성 식물이며 chelidonineacid, Homochelidonin chelidoniol, Chelidomine, protopine, Malic acid 등 여러 가지가 함유되어 있다.

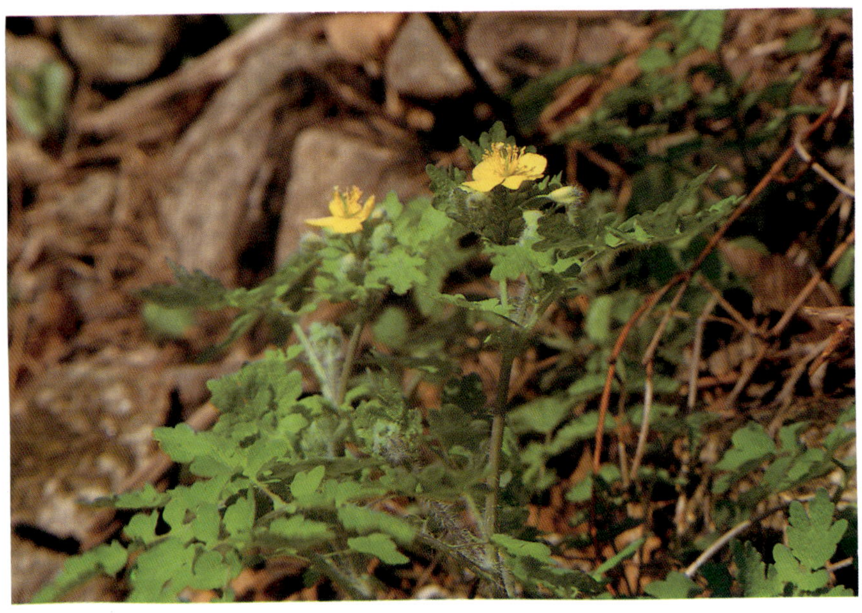

생육 조건 전국의 산야지에 흔히 자라는 양귀비과의 여러해살이풀이다. 인가 주변이나 구릉지, 산지 등에 가리지 않고 자라며 추위에도 잘 견딘다. 번식은 일반 파종법 및 분주법 등으로 된다. 50센티미터의 높이로 자라며 4 내지 7월에 황색 꽃이 핀다. 7월에 종자가 익으며 지상부의 줄기와 잎을 베어서 햇볕에 말려 음지에 보관한다. 10퍼센트의 알콜에 적시어 말리면 더욱 효과가 좋다고 한다.

용도 관상용과 약용으로 쓰이며 습진 등의 약으로 사용한다. 이 풀잎이나 줄기, 뿌리는 함부로 내복약으로 사용해서는 안된다. 위궤양, 간장약, 장진경, 진통, 위암, 진해, 진정 등에 다른 약재와 더불어 쓰인다. (왼쪽, 오른쪽)

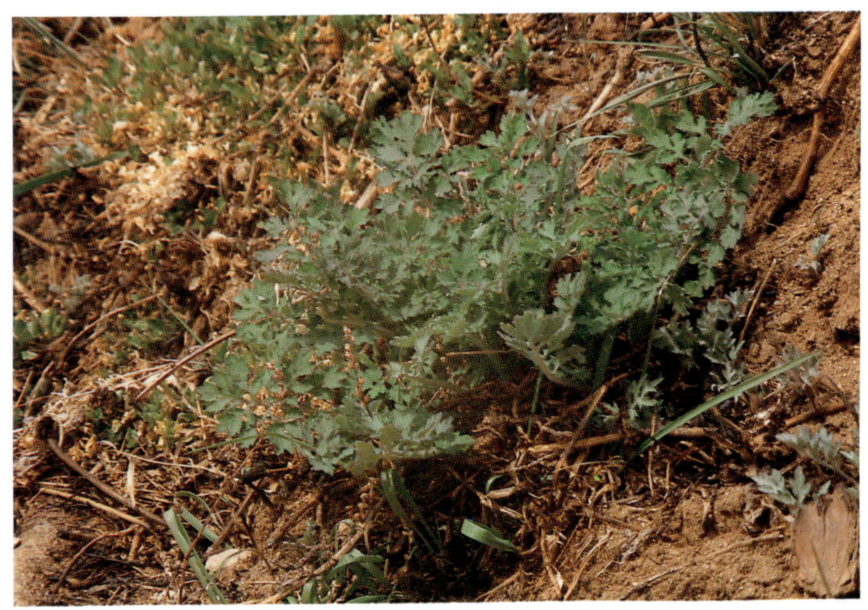

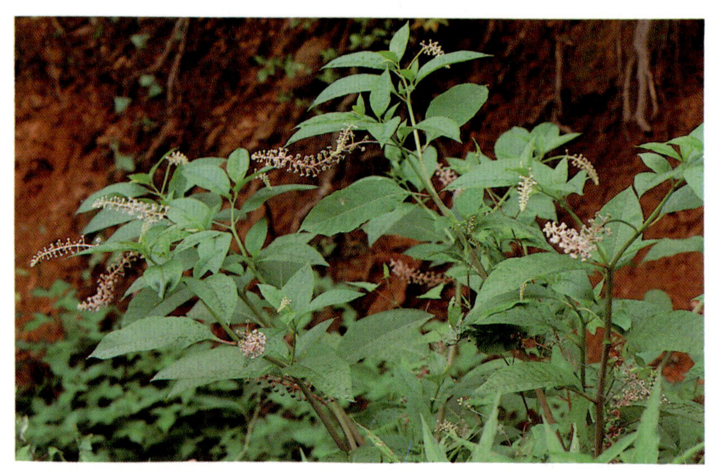

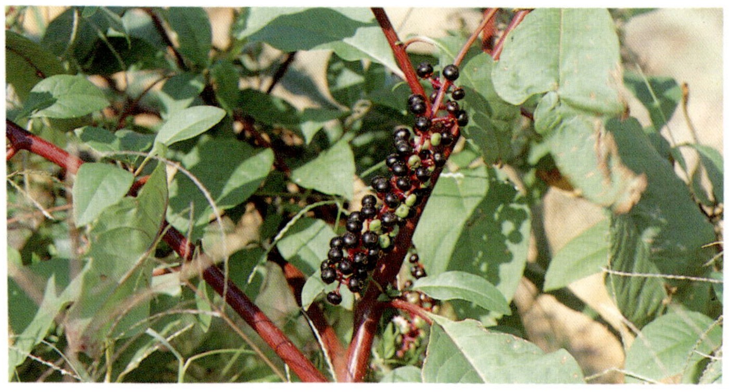

자리공(商陸)　Phutolacca esculenta Var. Houtt.

　생약명은 상륙(商陸)이며 장녹, 상녹, 자리콩, 왕모우(王母牛), 도수련(倒水蓮) 등의 속명이 있고 이 밖에 지역에 따라 다른 이름이 있다.

　주요 성분　Caryophullin phytolaccasäure, GlYkosid, OxYdier, Betain KNo_3 등.

　생육 조건　추운 북부 지방보다 따뜻한 기후인 남부 지방에서 더 잘 자라며, 표토가 깊은 사질 양토의 비옥한 땅에서 잘 된다. 번식은 종자로 되며 한번 심어 두면 자연적으로 씨가 떨어져 어린 묘가 자라게 된다. 100 내지 130센티미터의 높이로 자라며 7, 8월에 엷은 담홍색으로 꽃이 피고 9월에 흑자색의 포도송이같은 종자가 익는다. 심은 해 가을이나 이듬해 가을에 뿌리를 캐어 흙을 씻어 내고 적당히 쪼개어 햇볕에 말린다. 이 뿌리에는 독성이 많이 들어 있으므로 주의해야 한다.

　용도　수종, 이뇨, 하리, 신장염 등에 약재로 쓰인다. (위, 아래)

106

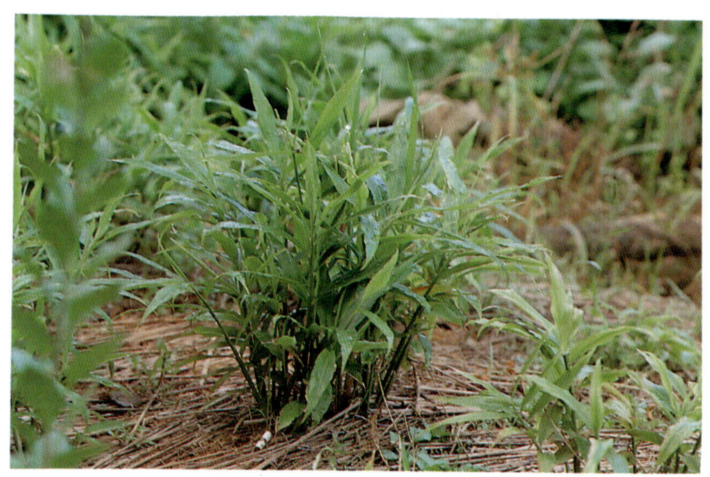

생강(生薑) Zingiber officinale Roscoe.

생약명은 생강, 건강(乾薑)이며 새앙, 새양, 생강땅줄기 등의 속명이 있고, 이 밖에 지역에 따라 다른 이름이 있다. 이 풀의 지하부(地下部)의 뿌리줄기(根莖)을 생강이라 하며 말린 것을 건강이라 하고 약재 및 식용 양념 등으로 쓰인다.

주요 성분 방향성(芳香性) 식물이며 zingiberene, zingiberal zingirone, shogaol, B-Rhellandrene Gingeron 등 여러 가지가 함유되어 있다.

생육 조건 동부 열대 아시아 지방이 원산지이며 우리나라 농가에서 많이 재식도 하는 생강과의 여러해살이풀이다. 우리나라의 따뜻한 곳인 중부, 남부 지방에 적합한데 너무 더워도 잘 자라지 못한다. 토질은 지하수가 풍부하여 건조되지 않는 곳이 잘 된다. 번식은 뿌리로 하는데 가을에 발육 상태가 좋은 뿌리를 따뜻한 움막(구덩이)에 모래와 겹겹이 넣어다가 봄에 눈(芽)을 2, 3개 정도씩 나누어 심는다. 60 내지 90센티미터의 높이로 자라며 8, 9월에 황록색으로 꽃이 피고 10월에 종자가 익는다. 종자용은 서리가 오기 전에 캐고 식용으로 쓸 때에는 수시로 캔다. 건강을 만들려면 흙을 잘 씻어서 적당히 잘라 물을 부어 저어서 껍질을 벗긴 뒤 다시 물 한말(一斗)에 석회 2홉 정도를 탄 것에 하루쯤 담갔다가 건져 햇볕에 말린다. 약 20일 정도 말린 뒤 손질하여 깨끗하게 조제한다.

용도 식용, 관상용, 약용 등에 쓰이며 방향성 건위약 및 식용 양념에 사용한다. 건위, 거담, 발한, 진통, 지혈, 중풍, 구토, 곽란, 하리, 변비, 진통 등의 약재로 쓰인다.

뽕나무(桑)   Morus alba L.

생약명은 상백피(桑白皮)이며 가상(家桑), 백상(白桑), 야상(野桑), 양상(洋桑), 상근백피(桑根白皮), 뽕, 오디나무, 오듸나무, 오디(경기 지방) 등의 속명이 있고, 이 밖에 지역에 따라 다른 이름이 있다. 이 나무의 뿌리껍질를 조제한 것을 상백피라 하여 약재로 쓰인다.

주요 성분   B-Amnyrin B.r-Hexenol Rubberlsoquercitrin cbrysanthemin 등이 함유되어 있다.

생육 조건   우리나라 양잠 농가에서 재식하는 뽕나무과의 낙엽 교목이다. 밭둑이나 산골짜기 등에 심으며 야산의 밭에 잘 자란다. 특히 중부 지방 농가에서 많이 재식하

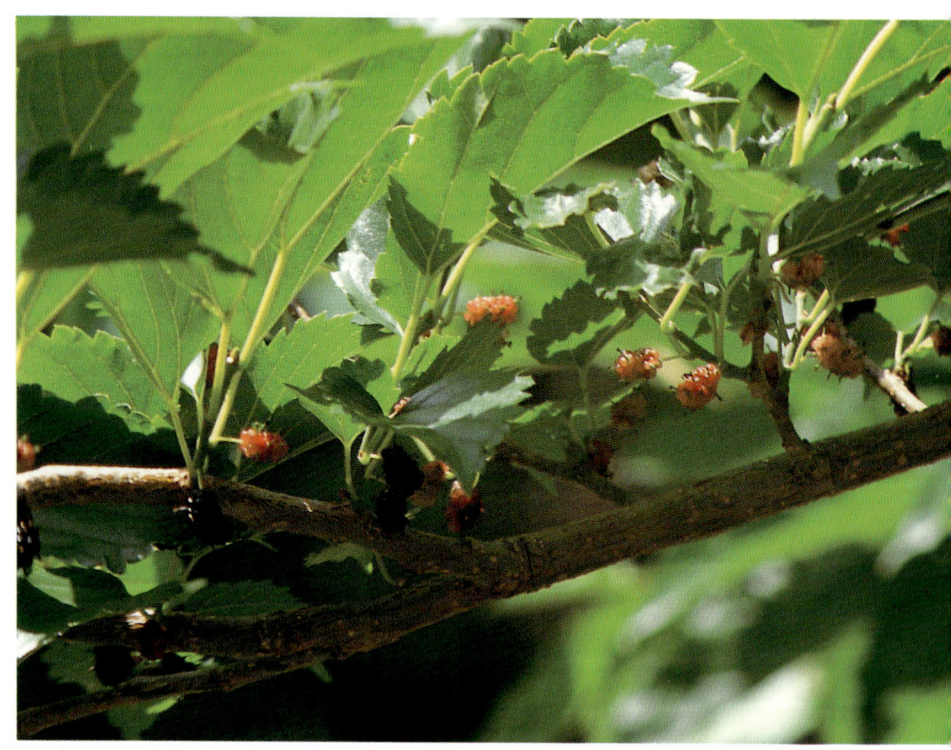

고 있다. 번식은 일반 종자 파종법, 취목법, 삽목법, 분주법에 의하여 되는데 삽목에 의하여 많이 번식한다. 3 내지 10미터의 높이로 자라며 6월에 황갈색 꽃이 피며 8월에 열매가 자주색, 흙색으로 익는다. 수확은 정식 뒤 2, 3년 되어 뿌리가 제법 굵어지면 캐내 목질부를 빼고 흙을 씻어서 햇볕에 말려 적당히 잘라서 보관한다. 또한 작은 가지를 잘게 잘라서 불에 살짝 볶아서 민간 요법으로 쓰이기도 한다.

용도 식용, 공업용, 약용 등에 쓰이며 보혈 강장(保血強壯) 약 등으로 사용한다. 이뇨, 각기, 폐염, 경풍, 폐결핵, 중풍, 진해, 사독, 감기, 몽정, 진정, 진해, 부종, 양모, 수종, 각혈 등의 약재로 쓰인다.(왼쪽, 오른쪽)

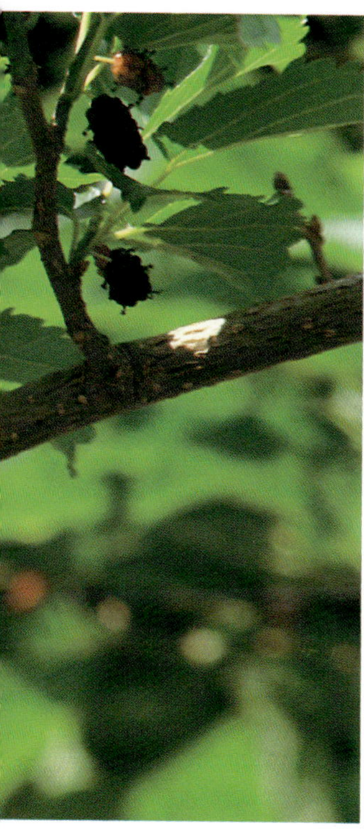

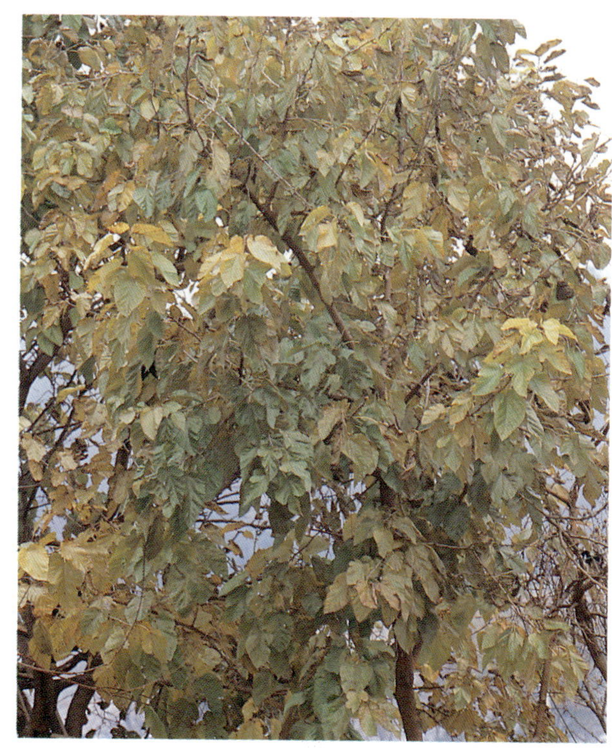

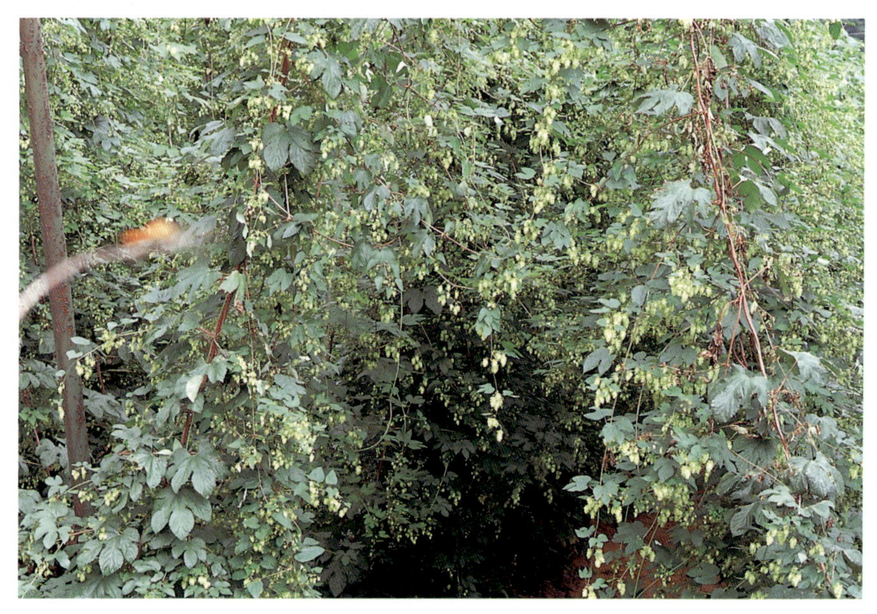

호프(啤酒花) Humulus lupulus L.

생약명은 호프선(腺), 호프(雌花毬果)이며 사마초(蛇麻草), 인포(忍布), 향사마(香蛇麻), 호쁘, 홋푸, 홉프 등의 속명이 있고 이 밖에 지역에 따라 다른 이름이 있다. 이 풀의 열매(毬果)를 호프(啤酒花)라 하여 약재 및 맥주의 원료로 쓰인다.

주요 성분 방향성(芳香性) 식물이며 Adenine, Myrcene, Humulone, Lupulone, Rutin 등 여러 가지 성분이 함유되어 있다.

생육 조건 유럽이 원산지이며 우리나라 약초 농가 및 맥주 원료 농장 등에 재식하는 뽕나무과의 여러해살이덩굴풀로 특히 중부 지방이 적합하며 서늘한 곳을 좋아한다. 토질은 배수가 잘 되는 사질 양토가 적합하며 양지쪽을 택해야 한다. 번식은 일반 파종법 및 분주법으로 되는데 주로 파종에 의하여 된다. 파종은 봄에 종자를 심을 밭을 깊게 갈고 퇴비를 충분히 주고 오이나 호박을 심을 때와 같이 간격을 적당히 넓혀 심는다. 이 풀은 암, 수가 따로 있어 중간 중간에 몇 포기씩을 심으면 된다. 5

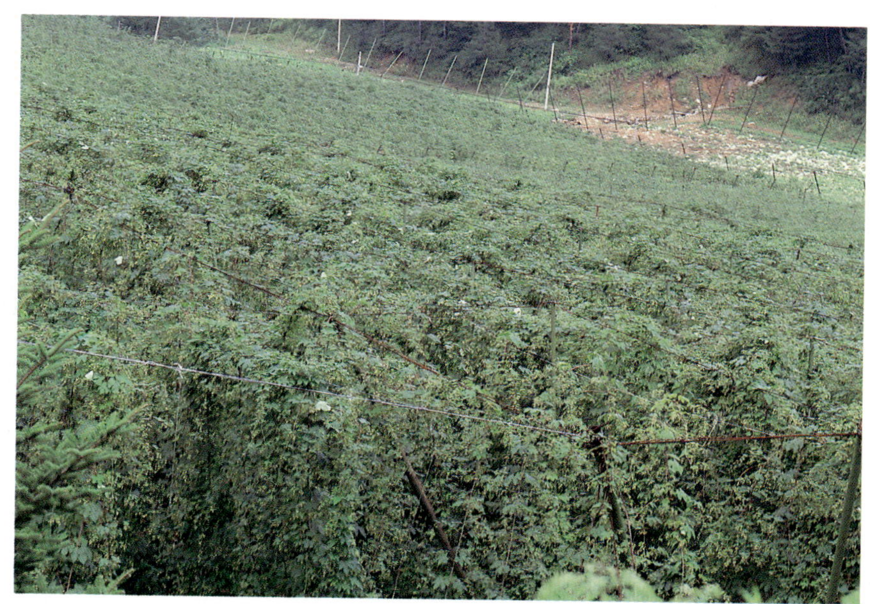

미터의 길이로 뻗으므로 지주목을 세워 준다. 8월에 연한 황록색으로 수꽃은 길게 늘어져 피며 암꽃은 솔방울 모양으로 다소 짧게 피고 9월에 종자가 익는다. 수확은 3년쯤 지나야 할 수 있는데 9월쯤 열매 아래에 노란 가루가 차 있다. 익기 전에는 담록백색(淡綠白色)이던 것이 엷은 황색으로 변할 때에 향기가 많이 난다. 이때가 적기이며 늦을수록 가치가 떨어진다. 수확한 열매를 바구니 등에 담아 통풍이 잘 되는 창고에 1주일쯤 말린다. 맥주 원료로 제조할 경우에는 섭씨 40에서 50도의 건조기로 수분이 10퍼센트 이하로 될 때까지 건조시킨 뒤 압착기로 1킬로그램의 무게 정도로 납작하게 하여 습기가 차지 않도록 보관한다. 또한 약용으로 쓰이는 호프선은 열매 속에 있는 노란 가루(黃粉)을 수확해야 하는데 열매를 두드려 고운 체로 쳐서 조제한다.
용도 관상용, 공업용, 약용 등에 쓰이며 고미 건위약(苦味健胃藥), 진정약으로 사용하여 맥주 양조에 사용한다. 진정, 건위, 이뇨, 최민 등에 약재로 쓰인다. (왼쪽, 오른쪽)

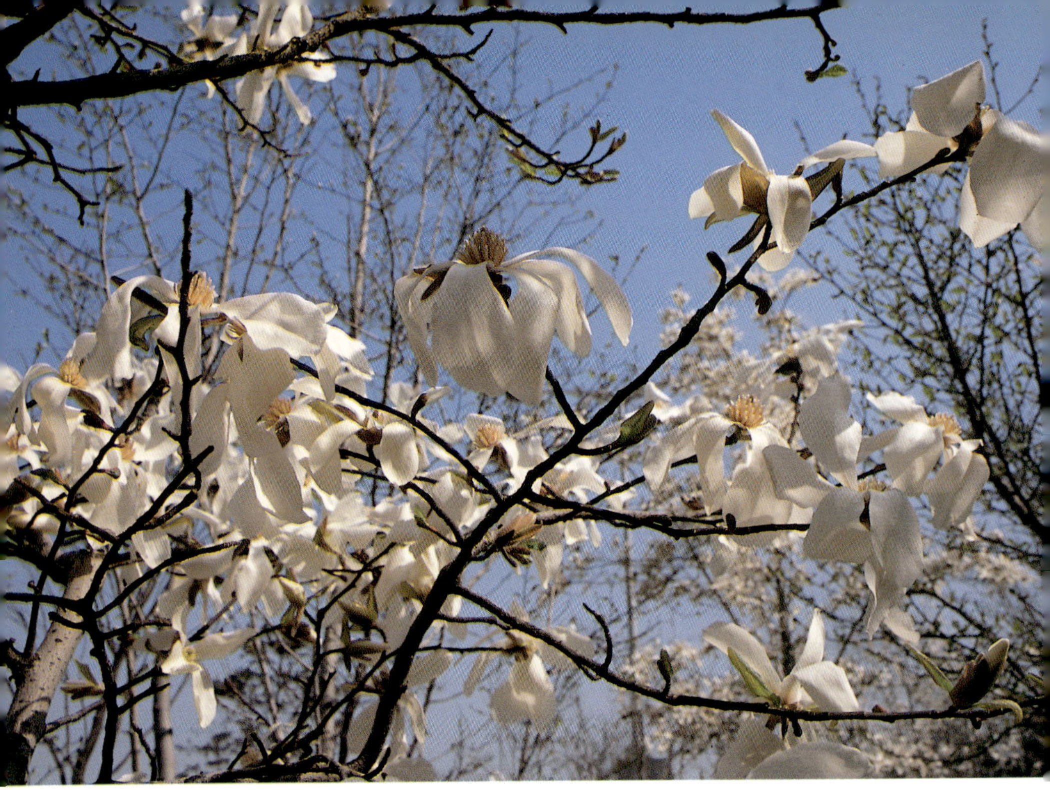

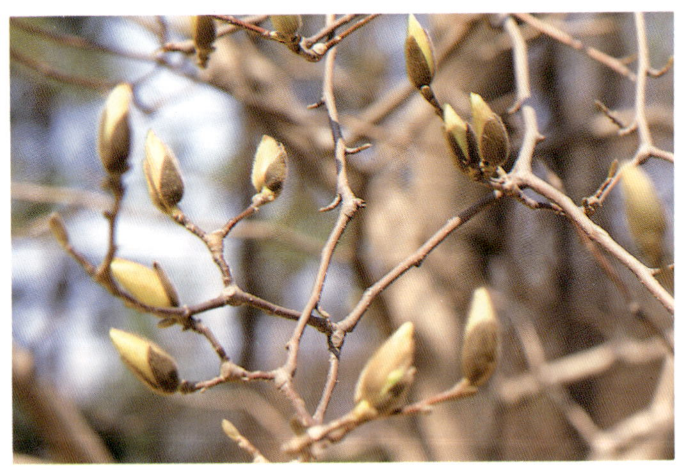

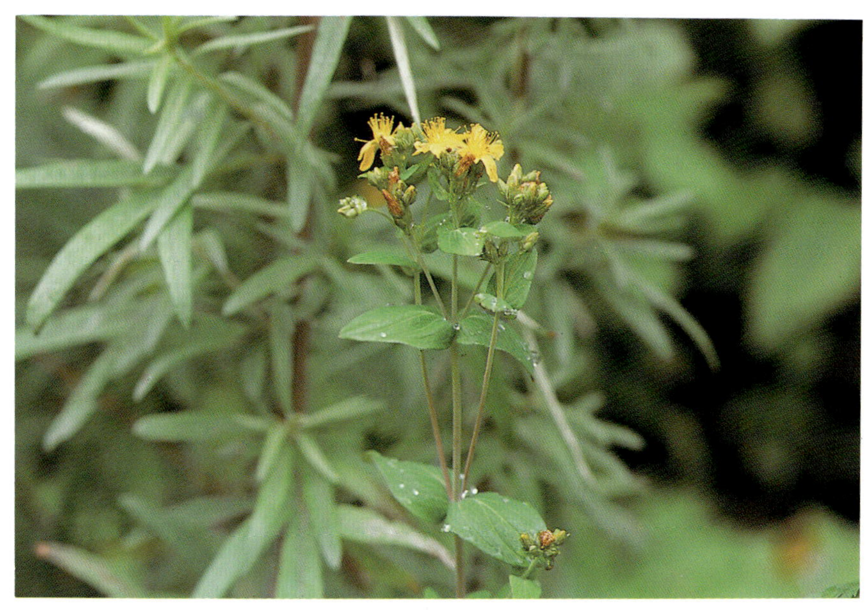

백목련(玉蘭)   Magnolia denudata Desr.

생약명은 신이(辛夷), 신이화(辛夷花)이며 일본목련(日本木蓮), 백목련(白木蓮), 목필(木筆), 백련(白連), 두란, 목련, 영춘화 등의 속명이 있다. 이 나무의 꽃이 피기 전 꽃봉오리를 조제한 것을 신(辛)이라 하여 약재로 쓰인다.

주요 성분   Aeter, oel, safrol, citral, Anethol, Methylchavicolkein 등.

생육 조건   중국이 원산지이며 각지에서 관상용으로 흔히 심고 있는 목련과의 낙엽 교목이다. 번식은 일반 파종법, 삽목법, 분주법 등이 있지만 묘를 구입하여 심는 것이 좋다. 5미터의 높이로 자라며 3, 4월에 백색으로 꽃이 피며 10월에 종자가 익는다.

용도   방향제, 구충, 양모, 두풍, 진통, 진정 등의 약재로 쓰인다.(왼쪽 위, 아래)

고추나물(小連翹)   Hypericum erectum thumb.

생약명은 소연교(小連翹)이며 배초(排草), 배향초(排香草), 제절초(弟切草), 소련교 등의 속명이 있고, 이 풀의 줄기와 잎을 말려 조제한 것을 소연교라 하며 약재로 쓰인다.

주요 성분   Hyperin, rutin, quercetin, Hyperoside Tannin, leucocyaridin 등.

생육 조건   번식은 일반 종자 파종법으로 된다. 60센티미터의 높이로 자라며 7, 8월에 꽃이 한창 필 때 줄기와 잎을 잘라서 그늘에서 말린 뒤 썩지 않게 잘 보관한다. 또한 이것을 민간 요법에서는 알콜에 담가 두었다가 무좀에 바르기도 한다.

용도   식용, 관상용 등에 쓰이며 지혈, 외상, 연주창, 구충 등에 약재로 쓰인다.(위)

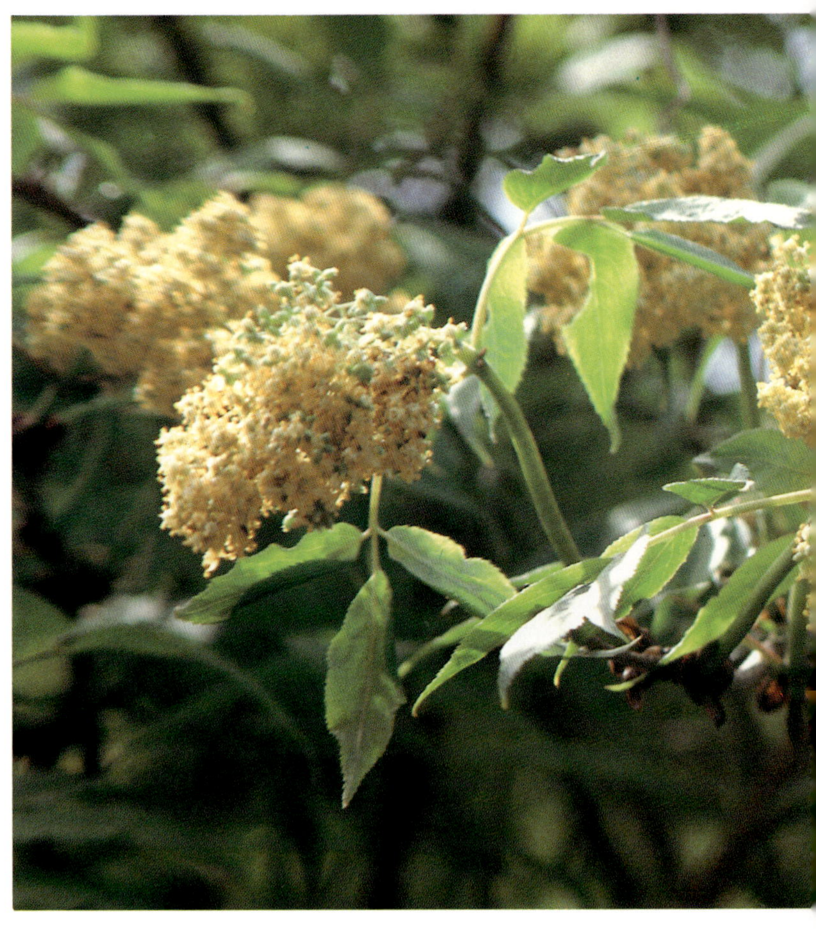

넓은잎 딱총나무(接骨木)　Sambucus buergeriana Blume. Var. lasiocarpa Nakai. form. latifolia Nakai.

생약명은 접골목화(接骨木花), 접골목(接骨木)이며 광엽접골목(廣葉接骨木), 마뇨초 (馬尿稍), 딱총나무, 말오즘대, 말오좀나무, 말오줌대(함남 지방), 오른재나무(황해도

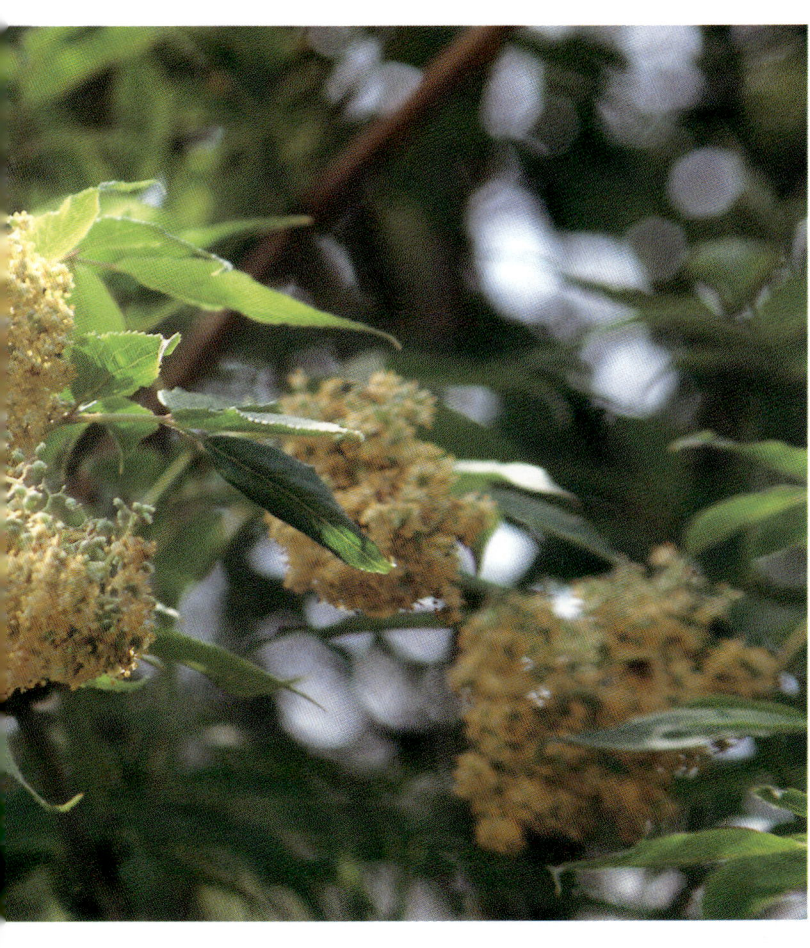

지방), 자반나무, 지렁쿠나무, 붉은대지렁쿠나무 등의 속명이 있고 이 밖에 지역에
따라 다른 이름이 있다. 이 나무의 꽃, 줄기껍질, 뿌리껍질, 잎 등을 조제한 것을 접골
목이라 하여 약재로 쓰인다.
주요 성분 Sambucinigrae 등이 함유되어 있다. (위, 116쪽)

생육 조건 한국 특산 식물이며 우리나라 북부 및 중북부 지방 산지에 자라는 인동과의 낙엽 관목이다. 번식은 일반 삽목법이나 분주법에 의하여 되는데 야생하는 큰 포기에서 작은 포기를 떼어내어 심으면 된다. 3미터의 높이로 자라며 5월에 황록색으로 꽃이 피며 9월에 종자가 붉게 익는다. 이때 줄기와 잎, 열매를 채취하여 열매는 그대로 말리며 줄기와 잎은 적당히 잘게 잘라서 햇볕에 말린다. 뿌리는 굵은 것을 잘라내어 목질부를 빼고 뿌리 껍질만 잘게 잘라서 햇볕에 말려 보관한다.

용도 식용, 공업용, 관상용, 약용 등에 쓰이며 타박상 및 골절 등의 약으로 사용한다. 종독, 신경통, 발한, 이뇨, 좌상, 폐염, 수종, 치통, 해열, 사지통, 신경염 등에 약재로 쓰인다. (114, 115쪽, 위)

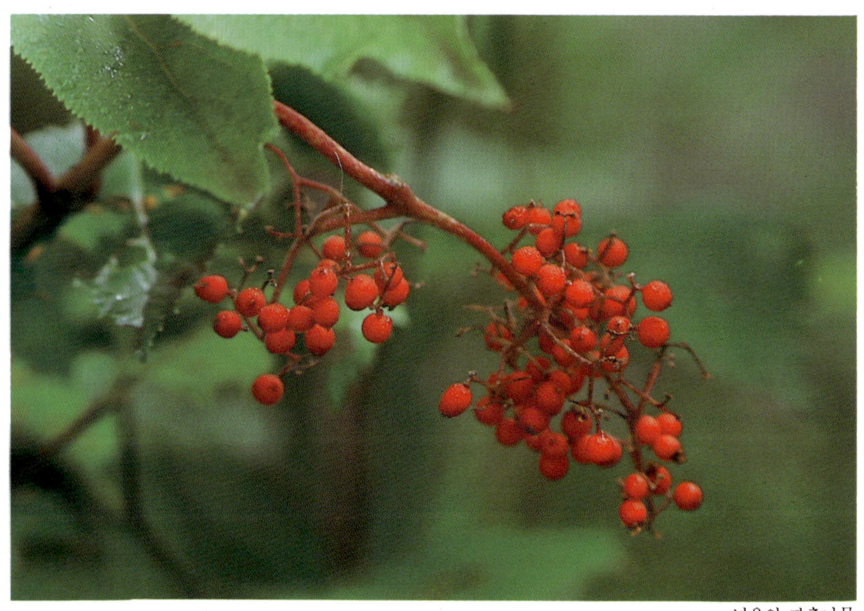

넓은잎 딱총나무

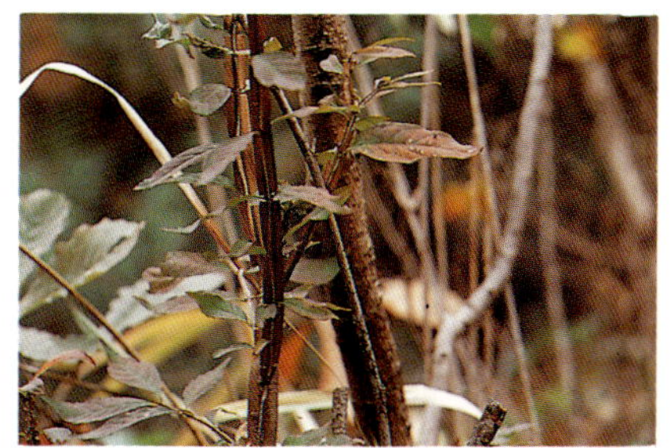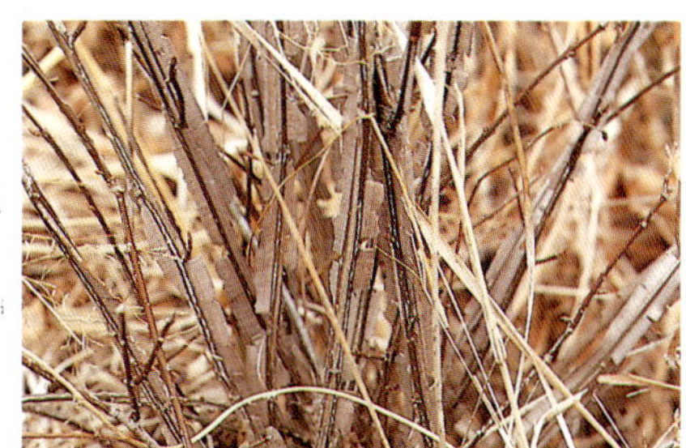

화살나무(衛豫)　Euonumus alatus sieb.

　생약명은 혼전우(魂箭羽), 귀전우(鬼箭羽)이며 전우(箭羽), 금목(錦木), 혼우전(魂羽箭), 사능수(四棱樹), 혼전(魂箭), 혼견우(魂見羽), 홋잎나무, 참빗나무(경남지방), 참빛살나무, 귀전우 등의 속명이 있고 이 밖에 지역에 따라 다른 이름이 있다. 이 나무의 줄기와 열매를 조제한 것을 혼전우 또는 귀전우라 하여 약재로 쓰인다.

　주요 성분　mannitol, sorbitol, glycerol, sugar 등이 함유되어 있다.

　생육 조건　전국의 산지에 흔히 자라고 있는 화살나무과의 낙엽 관목이다. 번식은 일반 종자 파종법 및 삽목법으로 되는데 묘판에 파종하여 2년 정도 자란 뒤 정식하면 된다. 또한 종묘상에서 묘를 구입해도 된다. 2미터의 높이로 자라며 6월에 황록색의 꽃이 피며 10월에 열매가 붉게 익는다. 이때 줄기, 열매를 채집하여 열매는 그대로 햇볕에 말려 보관하고 줄기는 20센티미터의 길이로 잘라서 그늘에 보관한다. 그러나 필요할 때 수시로 채취하여 사용하기도 한다. 민간 요법으로 줄기에 붙은 날개를 채취하여 검게 태워서 밥알과 반죽하여 가시가 박힌 살에 붙이면 효과가 있다 한다.

　용도　식용, 관상용 등에 쓰이며 부인병에 사용한다. 통유, 복진통, 촌충, 풍습, 자궁 출혈, 조경, 부인병 등의 약재로 쓰인다.

참고 문헌

송주택「韓國資源植物圖鑑」1983.
이창복「大韓植物圖鑑」1979.
이영노「韓國의 松栢類」1986.
정태현「朝鮮野生食用植物」1942.
김태정「韓國野生花圖鑑」1988.
정태현「藥用植物栽培法」1958.
張宏文「中韓植物名稱事典」1978.
村田懋麿「滿鮮植物寫彙」1932.
牧野富太郎「牧野新日本植物圖鑑」1989.
牧野富太郎「日本植物志」1919.
中國「本草綱目」1578.
中國「中草藥學」1975.
삼성당「東醫寶鑑」1987.
오성출판「藥草大全書」1983.
장영훈「漢方草百科」1986.
김태정「집에서 기르는 야생화」1989.
김태정「약이 되는 야생초」1989.

빛깔있는 책들 301-3

약용 식물

글	―김태정
사진	―김태정
발행인	―장세우
발행처	―주식회사 대원사
주간	―박찬중
편집	―김한주, 신현희, 조은정, 황인원
미술	―차장/김진락 김은하, 윤용주, 최윤정
전산사식	―김정숙, 육세림, 이규헌

첫판 1쇄 ―1990년 4월 28일 발행
첫판 11쇄 ―2004년 5월 31일 발행

주식회사 대원사
우편번호/140-901
서울 용산구 후암동 358-17
전화번호/(02) 757-6717~9
팩시밀리/(02) 775-8043
등록번호/제 3-191호
http://www.daewonsa.co.kr

이 책에 실린 글과 그림은, 저자와 주
식회사 대원사의 동의가 없이는 아무
도 이용하실 수 없습니다.

잘못된 책은 책방에서 바꿔 드립니다.

（円） 값 8,500원

Daewonsa Publishing Co., Ltd.
Printed in Korea(1990)

ISBN 89-369-0095-1 00480

빛깔있는 책들

민속(분류번호 : 101)

고미술(분류번호 : 102)

불교 문화(분류번호 : 103)

음식 일반(분류번호 : 201)